U0307504

21世纪高等学校计算机系列规划教材

图形图像处理应用教程
（第4版）

梁维娜　编著

清华大学出版社
北京

内 容 简 介

本书是学习使用 Photoshop 软件处理平面图像的教程和参考指南。

本书分 8 章,核心内容包括 Photoshop 软件的基本操作、图层与图层样式、选择与抠图技术、图像修饰与数码照片校色技术、蒙版与图像合成等图像处理的核心功能。本书以案例为主导,每章都有针对知识点编制的经典案例与大量的课外习题,具有很强的实战性与指导性。

本书采用全彩印刷,力求给读者带来最佳的学习体验。本书可作为高等院校、职业学校及相关培训机构的教材,也可作为摄影爱好者、平面设计者、数码照片处理爱好者的参考书籍。

图书在版编目(CIP)数据

图形图像处理应用教程/梁维娜编著. --4 版. --北京:清华大学出版社,2015 (2018.8重印)
21 世纪高等学校计算机系列规划教材
ISBN 978-7-302-39668-0

Ⅰ. ①图… Ⅱ. ①梁… Ⅲ. ①图像处理软件—教材 ②动画制作软件—教材 Ⅳ. ①TP391.41

中国版本图书馆 CIP 数据核字(2015)第 058727 号

责任编辑:魏江江　王冰飞
封面设计:杨　兮
责任校对:时翠兰
责任印制:刘祎淼

出版发行:清华大学出版社
　　　　网　　　址:http://www.tup.com.cn,http://www.wqbook.com
　　　　地　　　址:北京清华大学学研大厦 A 座　　　　邮　　编:100084
　　　　社 总 机:010-62770175　　　　邮　　购:010-62786544
　　　　投稿与读者服务:010-62776969,c-service@tup.tsinghua.edu.cn
　　　　质量反馈:010-62772015,zhiliang@tup.tsinghua.edu.cn
　　　　课件下载:http://www.tup.com.cn,010-62795954
印 刷 者:北京鑫丰华彩印有限公司
装 订 者:三河市溧源装订厂
经　　销:全国新华书店
开　　本:185mm×260mm　　印　　张:17.75　　　　字　　数:431 千字
版　　次:2011 年 2 月第 1 版　　2015 年 9 月第 4 版　　印　　次:2018 年 8 月第 4 次印刷
印　　数:5001~6500
定　　价:49.50 元

产品编号:063214-01

随着我国改革开放的进一步深化,高等教育也得到了快速发展,各地高校紧密结合地方经济建设发展需要,科学运用市场调节机制,加大了使用信息科学等现代科学技术提升、改造传统学科专业的投入力度,通过教育改革合理调整和配置了教育资源,优化了传统学科专业,积极为地方经济建设输送人才,为我国经济社会的快速、健康和可持续发展以及高等教育自身的改革发展做出了巨大贡献。但是,高等教育质量还需要进一步提高以适应经济社会发展的需要,不少高校的专业设置和结构不尽合理,教师队伍整体素质亟待提高,人才培养模式、教学内容和方法需要进一步转变,学生的实践能力和创新精神亟待加强。

教育部一直十分重视高等教育质量工作。2007 年 1 月,教育部下发了《关于实施高等学校本科教学质量与教学改革工程的意见》,计划实施"高等学校本科教学质量与教学改革工程(简称'质量工程')",通过专业结构调整、课程教材建设、实践教学改革、教学团队建设等多项内容,进一步深化高等学校教学改革,提高人才培养的能力和水平,更好地满足经济社会发展对高素质人才的需要。在贯彻和落实教育部"质量工程"的过程中,各地高校发挥师资力量强、办学经验丰富、教学资源充裕等优势,对其特色专业及特色课程(群)加以规划、整理和总结,更新教学内容、改革课程体系,建设了一大批内容新、体系新、方法新、手段新的特色课程。在此基础上,经教育部相关教学指导委员会专家的指导和建议,清华大学出版社在多个领域精选各高校的特色课程,分别规划出版系列教材,以配合"质量工程"的实施,满足各高校教学质量和教学改革的需要。

本系列教材立足于计算机公共课程领域,以公共基础课为主、专业基础课为辅,横向满足高校多层次教学的需要。在规划过程中体现了如下一些基本原则和特点。

(1)面向多层次、多学科专业,强调计算机在各专业中的应用。教材内容坚持基本理论适度,反映各层次对基本理论和原理的需求,同时加强实践和应用环节。

(2)反映教学需要,促进教学发展。教材要适应多样化的教学需要,正确把握教学内容和课程体系的改革方向,在选择教材内容和编写体系时注意体现素质教育、创新能力与实践能力的培养,为学生的知识、能力、素质协调发展创造条件。

(3)实施精品战略,突出重点,保证质量。规划教材把重点放在公共基础课和专业基础课的教材建设上;特别注意选择并安排一部分原来基础比较好的优秀教材或讲义修订再版,逐步形成精品教材;提倡并鼓励编写体现教学质量和教学改革成果的教材。

(4)主张一纲多本,合理配套。基础课和专业基础课教材配套,同一门课程可以有针对不同层次、面向不同专业的多本具有各自内容特点的教材。处理好教材统一性与多样化,基本教材与辅助教材、教学参考书,文字教材与软件教材的关系,实现教材系列资源配套。

（5）依靠专家，择优选用。在制定教材规划时依靠各课程专家在调查研究本课程教材建设现状的基础上提出规划选题。在落实主编人选时，要引入竞争机制，通过申报、评审确定主题。书稿完成后要认真实行审稿程序，确保出书质量。

繁荣教材出版事业，提高教材质量的关键是教师。建立一支高水平教材编写梯队才能保证教材的编写质量和建设力度，希望有志于教材建设的教师能够加入到我们的编写队伍中来。

21世纪高等学校计算机系列规划教材

联系人：魏江江 weijj@tup.tsinghua.edu.cn

本书是《图形图像处理应用教程》的第 4 版，在保留原教材的风格及特点的基础上，对原有的部分章节进行了调整，并对部分例题重新进行了编写和修订，使读者更容易理解和掌握。

"Photoshop 图形图像处理"这门计算机技能选修课程越来越受到学生的欢迎，从事该课程教学十四年来编者不断尝试着让教材内容的编排更具科学性，目的是为教学与学生自学带来更大的方便，使学生能在短短的一学期时间内基本掌握平面图像处理的概念及操作方法。本书在内容的编排方式上打破了传统书籍的惯例，把非常重要的基本概念"选区"、"图层"放在前两章做了陈述性的讲解，为后续章节的铺垫与应用做了充分的准备。

本书主要介绍平面图像处理软件 Photoshop 的基本使用方法。采用基础知识和案例相结合的方式讲解知识点，突出了实用性。重要的知识点后一般都会有"应用实例"，但案例并不是简单地流水账般的描述，在讲述过程中会有必要的解释与说明；每章的课后练习也给出了主要知识点与操作技巧的提示。

本书共分 8 章，深入细致地讲解了 Photoshop 的各种功能、命令及工具的使用；内容涉及选区的创建、图层的应用、图像的绘制、图像的润色、色彩的调整、蒙版的应用、文字的编辑等。随着当今科学技术的日益壮大，手机摄影已经成为大部分人的生活方式。因而本书在内容编排上特意加重了对数码图像后期处理方面的内容介绍。从第 4 章开始每章后面都有综合应用实例，帮助读者掌握软件使用方法的同时更能轻松应对平面广告设计、数码照片处理等工作。本书对有一定软件使用基础的人群也具有一定的进阶提升帮助。

图形图像处理技术是一门实践性很强的学科，一定要多上机实践才能较好地掌握这门技术。本书列举了大量图文并茂的实例与课后习题，读者只要按实例的引导一步一步地动手做下去，通过实例的操作强化对各知识点的理解，就能轻松自如地掌握图形图像处理的方法。在浩瀚的信息长河中，我们只能掬其一杯奉献给你，但我们力争献给你的是最纯美的一杯，愿你饮而得其甘甜。

本书由梁维娜主编，张琪参与编写了第 1、5、6、8 章；纪怀猛参与编写了第 2、3、4、7 章；吴铭、欧秀霞参与编写了本书的实践练习。在本书的编写过程中，我们力求精益求精，但难免会有所遗漏及不妥之处，敬请广大读者批评指正。书中范例的素材图片、源程序及本书配套课件请到清华大学出版社网站(http://www.tup.com.cn)下载。同时 http://1140793510.qzone.qq.com/2 也提供了与本教材相配套的素材资源及 PPT 课件下载,希望对大家的学习有所帮助。另外,作者可为任课教师提供两套参考测试卷。

联系邮箱：wn_5_16@sina.com。

编　者

2015 年 5 月

第 1 章

图形图像的基础知识

1.1　Photoshop 功能简介

Photoshop 是一款强大的平面设计软件,在网页设计、建筑效果图设计、平面广告设计、特效文字设计、界面设计和影像创意设计等设计领域都有广泛的应用。

1. 平面设计的概念

平面设计是设计者借助一定的工具材料将所要表达的形象及创意在二维空间中塑造出的视觉艺术,其广泛应用于广告、招贴、包装、海报、插图及网页制作等,因此平面设计就是视觉传达设计。

2. Photoshop 的应用领域

1) 广告设计

在现实生活中,广告已经和人类社会的经济以及人们的文化生活紧密交织在一起,引人入胜的各类书籍杂志的封面、精美的商场、地产商广告招贴海报等大都是使用 Photoshop 对图像进行合成处理完成的。在平面广告设计中一般有主题文字、创意、形象和衬托等组成,广告创作就是将这些要素有机地结合起来形成一则完整的广告作品,如图 1-1 所示。

图 1-1　广告设计

2）商标设计

标志是识别和传达信息作用的象征性视觉符号。商标、店标、厂标等专用标志对于发展经济、创造经济效益、维护企业和消费者权益等具有巨大的实用价值和法律保障作用。各种国内外重大的活动、会议、运动会以及邮政运输、金融财贸、机关、团体乃至个人（图章、签名）等几乎都有表明自己特征的标志。在当今的社会活动中，一个明确而独特、简洁而优美的标志作为识别企业或商品的标记是极为重要的。

标志设计要有自己独特的组合形式，如图形组合、汉字组合、文字与图形组合、抽象图形组合等，参见图1-2。

图1-2　商标设计

3）包装设计

包装是商品生产的延续，是商品的有机组成部分，商品经过包装和生产过程才算完成。随着商品经济的发展，商品的包装设计越来越受到人们的重视。

包装设计的视觉要求主要体现在图形、色彩、文字以及编排几个环节的艺术处理上，参见图1-3。

图1-3　包装设计

4）网页设计

Photoshop是网页图像、界面制作中不可缺少的图像处理软件。在因特网上有很多设计独特、美观、新颖的网站，这些网站的网页都使用了Photoshop提供的图像切片功能以及许多平面设计的技巧，如图1-4所示。

5）数码作品的后期处理

随着影楼的数码技术的不断深化，对数码后期技术人员的要求越来越高，对Photoshop的使用越来越广泛。Photoshop具有强大的调色、修饰、版面设计、合成等功能，图1-5展示了用Photoshop设计的婚纱照。

图 1-4 网页设计

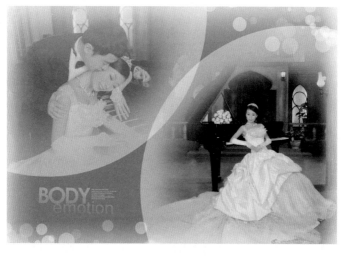

图 1-5 婚纱照

1.2　图像处理的基本概念

在开始学习 Photoshop 之前,首先要了解有关图像的基本概念以及 Photoshop 中的一些重要的基础概念,只有了解了这些才能为后面的学习奠定良好的基础。

1.2.1　像素和分辨率

要学习计算机平面设计,必须掌握图像的像素数据是如何被测量和显示的基本知识,这里涉及以下几个概念。

1. 像素

像素(pixel)是构成图像的最小单位,是图像的基本元素,而且一个像素只能是一种颜色。一个图像文件的像素越多,包含的图像信息就越多,图像的质量也就越高,同时保存它所需的磁盘空间也就越大。

2. 分辨率

分辨率是指单位长度内所含像素点的数量,其单位为"像素/英寸"(ppi)。分辨率对处理数码图像非常重要,与图像处理有关的分辨率有图像分辨率、打印机或屏幕分辨率等。

3. 图像分辨率

图像分辨率是指图像中每单位大小所包含的像素数目,常以"像素/英寸"为单位。图像分辨率是表明图像品质的重要指标,它直接影响图像输出的品质,图像分辨率越高,图像的清晰度越高,图像占用的存储空间也就越大。

4. 显示器分辨率

显示器分辨率是指显示器能够达到的显示指标,一般显示器的最大分辨率是 72 像素/英寸。显示器的分辨率依赖于显示器的尺寸与像素设置。

5. 打印机分辨率

打印机分辨率指所用激光打印机产生的每英寸的油墨点数,即打印精度(dpi)。它是衡量打印质量的一个重要标准,也是判断打印机分辨率的一个基本指标。大多数喷墨打印机大致的分辨率为 300～720dpi。如果打印机的分辨率为 300～600dpi,则图像的分辨率最好为 72～150ppi;如果打印机的分辨率为 1200dpi 或更高,则图像分辨率最好为 200～300ppi。

通常情况下,如果希望图像仅用于显示,可将其分辨率设置为 96ppi(与显示器分辨率相同);如果希望图像用于印刷输出,则应将其分辨率设置为 300ppi 或更高。

1.2.2　图像的种类

计算机图像分为两大类,即位图和矢量图。

1. 位图

位图是由像素点阵方式组成的画面,基本单位是像素。位图图像的大小和质量由图像中的像素的多少决定,它具有表现力强、层次丰富细腻等特点。由于位图是连续色调的图像,与分辨率有关,当位图的尺寸放大到一定程度后会出现锯齿现象,图像将变得模糊,如图 1-6 所示。

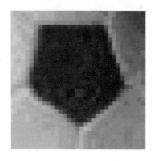

图 1-6　位图放大后会出现锯齿现象

由于存储位图时要记录每个像素点的位置和颜色，所以位图文件较大。位图一般来源于数码相机、扫描仪、图像绘制软件，Photoshop 图像处理软件主要用于处理位图图像。

2. 矢量图

矢量图是用数学公式描述的图形，基本单元是线条。构成图形的线条的颜色、位置、粗细、曲率等属性均由数学模型进行描述，而记录这些公式只需要很小的空间，因此矢量图文件较小。

矢量图与分辨率无关，将图形进行任意缩放都不会失真，按任意分辨率打印也不会丢失细节从而影响它的清晰度，如图 1-7 所示。

由于矢量图具有这些特性，常用来表现企业标志、产品 Logo、卡通形象、文字等色彩较为单纯的作品。

图 1-7　矢量图放大到任意程度都不会影响清晰度

1.2.3　颜色及颜色模式

图像处理离不开色彩处理，因为图像无非是由色彩和形状两种信息组成的。用户在使用色彩之前，需要了解色彩的一些基本知识。

1. 色彩的三要素

色彩的三要素即色相、明度、纯度（色度），任何一个颜色或色彩都可以从这 3 个方面进行判断分析。

（1）色相：指色彩所呈现出来的质的面貌，例如红、黄、蓝、绿等。

（2）明度：指色彩的明暗深浅程度，明度高，也就是说颜色亮。

（3）纯度：指色相的鲜艳程度，即色彩中其他杂色所占成分的多少。

2. 颜色模式

颜色模式用来确定如何描述和重现图像的色彩,常见的颜色模型有 HSB(色相、饱和度、亮度)、RGB(红色、绿色、蓝色)、CMYK(青色、品红、黄色、黑色)和 Lab 等,因此,相应的颜色模式有 RGB、CMYK、Lab 等,图 1-8 所示的是 Photoshop 调色板的几种颜色模式表示红颜色时的数值。

1) RGB 颜色模式

RGB 颜色模式是 Photoshop 默认的颜色模式,主要用于屏幕的显示,又称色光模式。该颜色模式由红(Red)、绿(Green)和蓝(Blue)3 种颜色组成,每种颜色分为 256 个强度等级,其他颜色由这 3 种颜色进行颜色加法交叠,可以配制出绝大部分肉眼能看到的颜色。彩色电视机的显像管及计算机的显示器都是以这种方式混合出各种不同的颜色效果的,如图 1-9 所示。

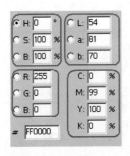

图 1-8　几种颜色模式

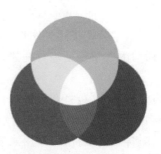

图 1-9　RGB 颜色模式

Photoshop 将 24 位 RGB 图像看作由 3 个颜色通道组成。这 3 个颜色通道分别为红色通道、绿色通道和蓝色通道。其中,每个通道使用 8 位颜色信息,该信息由从 0 到 255 的亮度值来表示。这 3 个通道通过组合可以产生 1670 多万种不同的颜色。在 Photoshop 中用户可以很方便地从不同通道对 RGB 图像进行色彩的处理。

下面是 RGB 颜色模式所表示的几种特殊的颜色:

R:255,　　　G:0,　　　B:0　　　　　表示红色;

R:0,　　　　G:255,　　　B:0　　　　　表示绿色;

R:0,　　　　G:0,　　　　B:255　　　表示蓝色;

R:0,　　　　G:0,　　　　B:0　　　　　表示黑色;

R:255,　　　G:255,　　　B:255　　　表示白色。

2) CMYK 颜色模式

CMYK 颜色模式是一种用于印刷的模式,分别指纯青(Cyan)、品红(Magenta)、黄(Yellow)和黑(Black)。

CMYK 模式在本质上与 RGB 颜色模式没有什么区别,只是产生色彩的原理不同。由于 RGB 颜色合成可以产生白色,因此,RGB 产生颜色的方法称为加色法;而青色(C)、品红(M)和黄色(Y)的色素在合成后可以吸收所有光线并产生黑色,因此,CMYK 产生颜色的方法称为减色法。

3) Lab 颜色模式

Lab 颜色模式是以一个亮度分量 L(Lightness)以及两个颜色分量 a 和 b 来表示颜色

的。其中,L 的取值范围为 0~100,a 分量代表由绿色到红色的光谱变化,而 b 分量代表由蓝色到黄色的光谱变化,且 a 和 b 分量的取值范围均为 -120~120。

Lab 颜色模式是 Photoshop 内部的颜色模式。该模式是目前所有模式中色彩范围(称为色域)最大的颜色模式。它同时包括 RGB 颜色模式和 CMYK 颜色模式中的所有颜色信息,所以在将 RGB 颜色模式转换成 CMYK 颜色模式之前要先将 RGB 颜色模式转换成 Lab 颜色模式,再将 Lab 颜色模式转换成 CMYK 颜色模式,这样就不会丢失颜色信息。

4) HSB 模式

HSB 模式以色相、饱和度、亮度和色调来表示颜色。

通常情况下,色相由颜色名称标识,例如红色、橙色或绿色。

饱和度(又称彩度)是指颜色的强度或纯度。饱和度表示色相中灰色分量所占的比例,使用 0(灰色)~100%(完全饱和)的百分比来度量。

亮度是颜色的相对明暗程度,通常使用 0(黑色)~100%(白色)的百分比来度量。

色调是指图像的整体明暗度,例如,如果图像亮部的像素较多,则图像整体上看起来较为明快;反之,如果图像中暗部的像素较多,则图像整体上看起来较为昏暗。对于彩色图像而言,图像具有多个色调,通过调整不同颜色通道的色调可以对图像进行细微的调整。

5) 颜色模式的选择

在 Photoshop 中主要使用 RGB 颜色模式,因为只有在这种模式下用户才能使用 Photoshop 软件系统提供的所有命令和滤镜。因此,用户在进行图像处理时,如果图像的颜色模式不是 RGB,则可以首先将其颜色模式转换为 RGB 模式,然后再进行处理。

1.2.4 图层的基本概念

图层是学习 Photoshop 必须掌握的基础概念之一,正是因为有了这一概念才使得 Photoshop 有了"神奇魔术师"的美称。

形象地说,图层就像一张张透明的胶片,用户可以根据需要将图像按类分别绘制在不同的图层上,将所有的胶片按顺序叠加起来,透过上面图层看到下面图层的图形,便可以看到一张完整的图像。图 1-10 显示了由几个简单图层叠加合成的图像效果,图 1-11 则是此图像的分层示意图。引入"图层"是为了分层放置、分层操作不同类型的图像,图层的引入给图像的编辑带来了极大的便利。

图 1-10 图层合成效果

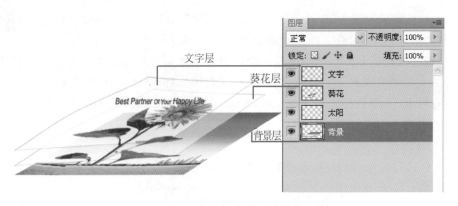

图 1-11　图像分层示意图

1.2.5　理解选区

在 Photoshop 中,选区是确定操作的有效区域。在 Photoshop 中很多操作都是基于选区完成的,较为简单、常用的选取工具有选框工具 和椭圆工具 。单击工具按钮在 Photoshop 图像窗口中按住鼠标左键拖动,然后释放,便可以得到所需的区域。

使用选取工具进行操作时只会影响选区内的图像。在图 1-12 中用椭圆工具绘制一个选区,然后使用"水波"滤镜在这个选区内制作水波效果,如图 1-13 所示。

图 1-12　绘制选区

图 1-13　应用"水波"滤镜后的效果

1.3　移动图像

在处理图像及设计制作时,移动是必不可少的操作。图像位置的移动是使用移动工具 来完成的,结合 Alt 键在移动图像时还可以复制图像。

移动图像首先要选择该对象所在的图层,使该图层成为当前图层。如图 1-14 所示,单击"贝贝"图层,被选中的图层以蓝底反白显示。使用移动工具 按住鼠标左键向右拖曳移动"贝贝"的位置,就可以将两个可爱的小企鹅排列出来。如果单击"宝宝"图层,按住鼠标左键并配合 Alt 键拖曳,可以复制出一个企鹅宝宝,效果如图 1-15 所示。

图 1-14　选择"贝贝"图层

图 1-15　移动排列后的图像效果

1.4　图像文件的格式

根据记录图像信息的方式(位图或矢量图)、压缩图像数据的方式,图像文件可以分为多种格式,每种格式的文件都有相应的扩展名。目前,常见的图像文件格式有很多种,因此面对不同的工作任务选择不同的文件格式就显得非常重要了。例如,在彩色印刷领域,图像的文件格式要求为 TIFF,如果将文件格式设置为 BMP,将无法得到准确的分色结果,自然无法表现出所需的印刷效果。在网络传输中需要较小的图像文件,此时 GIF 或 PNG 格式才是正确的选择。下面介绍几种在 Photoshop 中使用较多的图像文件格式。

1. PSD 文件格式

PSD 是 Photoshop 默认的图像文件格式,是能够支持所有图像模式的文件格式,它可以保存图像中的通道、图层、矢量元素等,因此,如果希望能够继续对图像进行编辑,应将图像以 PSD 格式保存。

2. JPEG 文件格式

互联网中最常用的图像格式 JPEG 采用有损压缩,图像质量较好。JPEG 格式支持 CMYK、RGB 和灰度颜色模式。此类格式文件最大的优点是能够大幅度地降低文档容量。在将图像保存为 JPEG 格式时,可以选择压缩级别。

3. TIFF 文件格式

位图图像格式 TIFF 使用无损格式存储图像,几乎所有的桌面扫描仪都可以生成 TIFF 图像,它是一种通用的位图图像文件格式。

TIFF 文件格式能够保存通道、图层和路径。

4. GIF 文件格式

GIF 文件格式可以在保留图像细节的同时有效地压缩图像的实色区域。GIF 文件只有 256 种颜色。此文件格式支持背景透明,能创建具有动画效果的图像。

5. BMP 文件格式

BMP 是 Windows 兼容计算机上的标准图像格式,无压缩,图像质量较好,不适用于 Web 页。

课后习题

1. Photoshop 中图层的概念是什么?

2. 分辨率中 ppi 和 dpi 的区别是什么?

3. 计算机图像分为哪几类?

4. 常见的颜色模式有哪几种?

5. Photoshop 默认的图像文件格式是什么?

第2章

Photoshop的基本操作

2.1 Photoshop 的操作环境

启动 Photoshop 后,用户会看到如图 2-1 所示的工作界面。从 Photoshop 的界面元素中可以看到,其操作环境与 Windows 操作系统中的 Office 等应用软件类似。

图 2-1 Photoshop 的工作界面

Photoshop 的应用窗口由菜单栏、工具选项栏、工具箱、控制面板、图像窗口等组成,下面结合这个窗口介绍 Photoshop 的界面组成以及各部件的使用方法。

1. 菜单栏

使用菜单栏中的菜单可以执行 Photoshop 中的许多命令,在菜单栏中按分类共排列有11 个菜单,如图 2-2 所示,每个菜单都有一组自己的命令。

| 文件(F) | 编辑(E) | 图像(I) | 图层(L) | 类型(Y) | 选择(S) | 滤镜(T) | 3D(D) | 视图(V) | 窗口(W) | 帮助(H) |

图 2-2 菜单栏

2．工具箱

Photoshop 的工具箱位于工作界面的左侧，工具箱中提供了包括选择、绘图、路径、文字等 40 多种工具。如果要使用某种工具，直接单击工具箱中该工具将其激活。

工具箱中的许多工具并没有直接显示出来，而是以成组的形式隐藏在右下角带小三角形的工具按钮中，按下此按钮后保持 1 秒钟左右（或右击该按钮），会在旁边出现一排按钮，显示该组中的所有工具，如图 2-3 所示。此外，用户也可以使用快捷键快速选择所需的工具。例如移动工具 的快捷键为 V，按 V 键即可选择移动工具。按 Shift＋工具组快捷键，可以在同组工具之间切换，例如按 Shift＋L 键，可以在套索工具 和多边形套索工具 之间切换。

在工具箱的最上方设有伸缩栏，如图 2-4 所示。Photoshop 工具箱有单列和双列两种显示模式，单击工具箱顶端的 按钮，可以在单列和双列两种模式之间切换。

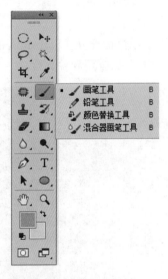

图 2-3　工具箱

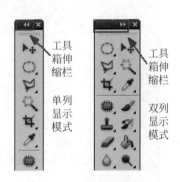

图 2-4　工具箱伸缩栏

3．工具选项栏

工具选项栏位于菜单栏的下方，其内容是随着用户所选择的工具变化的。当用户在工具箱中选择了一个工具后，工具选项栏中就会显示出相应的各种属性值，以便对当前所选工具的参数进行设置。图 2-5 显示了为选择画笔工具后设定的属性值。

图 2-5　工具选项栏

4．控制面板

控制面板是 Photoshop 中一项很有特色的功能，用户可利用控制面板进行导航显示，观察编辑信息，选择颜色，管理图层、通道、路径、历史记录、动作等。

Photoshop 的控制面板被组合放置在 5 个默认面板组窗口中。为便于图像处理操作，可以在不需要控制面板时将其隐藏起来。在"窗口"菜单中选择未打钩的命令可以打开相应的控制面板,如图 2-6 所示,再次选择打钩命令又可以隐藏该控制面板。

在展开面板右上角的伸缩栏按钮 ▶▶ 上单击,可以折叠面板。当面板处于折叠状态时会显示图标面板,如图 2-7 所示。

图 2-6 "窗口"菜单

图 2-7 图标面板

当面板处于折叠状态时,单击面板组右上角的伸缩栏按钮 ◀◀ 可以展开该面板,如图 2-8 所示,所以使用伸缩栏按钮可以方便地对工作空间进行调节。

单击控制面板右上角的 ▾≡ 按钮可以打开面板的快捷菜单,如图 2-9 所示。按 Shift＋Tab 键则可以在保留显示工具箱的情况下显示或隐藏所有的控制面板。

图 2-8 展开面板

图 2-9 面板的快捷菜单

2.2 图像文件的操作

在本节中将学习一些与图像文件相关的操作,例如新建、打开、浏览、保存图像文件等。

2.2.1 设置首选项

安装好 Photoshop 软件后,为了提高工作效率,可以在"首选项"对话框中对软件系统进行设置与优化。

选择"编辑"|"首选项"|"常规"命令或按 Ctrl+K 键弹出"首选项"对话框,在其左侧列表中单击相应选项即可在右侧显示相应的选项面板。

1. 常规设置

通过常规设置可以对 Photoshop 的拾色器类型、色彩条纹样式以及窗口的自动缩放等选项进行调整或更改。例如进行放大、缩小操作时希望工作区的大小会随图像的放大、缩小而改变,可以选中"缩放时调整窗口大小"复选框。

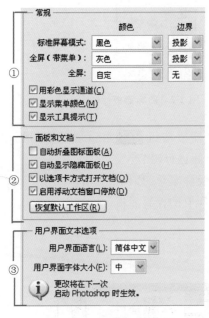

图 2-10 界面设置

2. 界面设置

在图 2-10 所示的面板中可以对 Photoshop 界面中一些项目的显示方式进行设置,从而方便用户在使用该软件时按照自己习惯的显示方式操作。

① "常规"选项组:可对标准屏幕模式的显示、通道显示、菜单颜色显示以及工具显示进行设置。例如可改变"标准屏幕模式"的颜色为"黑色",或选中"用彩色显示通道"复选框,如图 2-10 所示。单击"确定"按钮后再重新启动 Photoshop 可以看到屏幕背景为黑色,通道的颜色由灰色变成了彩色显示。

② "面板和文档"选项组:可对图形文件的打开方式、图标面板的折叠情况、浮动文档的停靠情况进行设置。

③ "用户界面文本选项"选项组:可对界面语言的种类和界面字体显示的大小进行更改。

3. 性能设置

在"性能"面板中可以对软件使用时的内存、历史记录、高速缓存等参数进行设置,这部分设置可以优化 Photoshop 软件在操作系统中的运行速度。

为了运行顺畅,一般情况下会在"暂存盘"栏中选中 D 盘,使 C 盘和 D 盘同时作为软件运行时的临时存储盘,加大存储空间,从而优化软件的运行速度。"历史记录"范围为 1~1000,一般建议设置为 50~100,若设置过大,在一定程度上会消耗暂存空间从而影响运行速度。

选择 GPU 选项组设置,可以启用 OpenGL 绘图。

4. 光标设置

通过对"光标"选项板的设置可以调整包括画笔、铅笔、橡皮擦等工具的光标显示方式,共有 6 个选项,如图 2-11 所示。

(1) 标准:绘制时使用图标光标显示。

(2) 精确:绘制时使用十字光标。

（3）正常画笔笔尖：光标形状使用画笔的一半大小。

（4）全尺寸画笔笔尖：光标形状使用全尺寸画笔。

（5）显示十字线：总是在画笔中心显示十字线。

（6）仅显示十字线：绘制时切换到显示十字线，提高大画笔的性能。

标准　　　　精确　　　正常画笔笔尖　全尺寸画笔笔尖　显示十字线

图 2-11　各种设置下光标的显示

5. 透明度与色域设置

用户可根据个人喜好对图层的透明区域和网格大小进行设置，默认的图层透明区域是灰色的，图 2-12 所示为设置后图层的透明区域为浅蓝色。

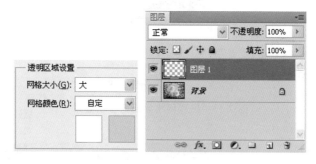

图 2-12　设置后的透明区域的显示

6. 参考线、网格和切片设置

通过设置参考线、网格和切片可以精确地定位图像元素。

（1）参考线选项：主要对参考线的颜色和样式进行设置。

（2）智能参考线选项：可以设置智能参考线的颜色。

（3）网格选项：可以设置网格的颜色、网格线间隔子网格等属性。

（4）切片选项：设置切片的线条颜色及编号。

在 Photoshop 中常使用网格对图像元素进行对齐与定位。执行"视图"|"显示"|"网格"命令或按 Ctrl＋'键即可在图像窗口中显示网格。图 2-13 所示为将网格线的颜色设置为"蓝色"、将间隔设置为"50 毫米"后图像中显示的效果。

7. 文字设置

通过在"文字"面板中进行设置，可以对文字字体名称的显示方式、字体预览大小进行设置。

选中"启用丢失字形保护"复选框后，当系统中不存在某种字体时将会弹出警告对话框。

选中"以英文显示字体名称"复选框，即可用英文显示亚洲字体名称。

2.2.2　创建新图像文件

选择"文件"|"新建"命令或按 Ctrl＋N 键弹出"新建"对话框，通过该对话框设置所要创建新图像文件的名称、大小尺寸、分辨率、颜色模式和背景颜色等内容，如图 2-14 所示。在

默认情况下,系统将创建一个分辨率为 72ppi、背景色为白色的图像文件。

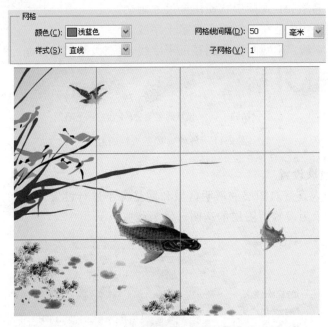

图 2-13 设置网格线后的显示效果

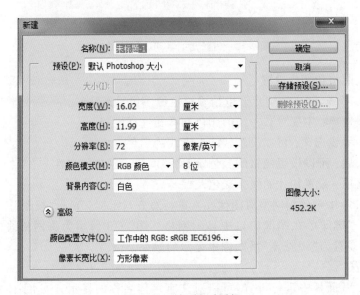

图 2-14 "新建"对话框

2.2.3 打开图像文件

如果要打开一个或多个已经存在的图像文件,选择"文件"|"打开"命令或双击 Photoshop 的灰色图像窗口,弹出"打开"对话框,单击要打开的图像文件名,在"打开"对话框的下部可预览所选文件的图像,然后单击"打开"按钮或直接双击要打开的图像文件名,即可打开选定图像,如图 2-15 所示。

图 2-15 "打开"对话框

还有一种快捷的打开图像文件的方式,即在 Windows 窗口中选中要打开的图像文件直接拖向任务栏的 Photoshop 图标,然后在 Photoshop 图像窗口中释放鼠标。

2.2.4 置入文件

置入文件和打开文件有所不同,置入文件是在打开一个图像文件后再将图片、PDF、AI 等矢量文件作为智能对象置入 Photoshop 中。

执行"文件"|"置入"命令打开对话框,选择要置入当前图像的文件。用户也可以在文件夹中选择该文件,按住鼠标左键将其拖曳至 Photoshop 的任务栏图标上,调整好大小和位置后按 Enter 键确认,打开"图层"面板就可以看到置入的文件被创建为智能对象,如图 2-16 所示。

2.2.5 浏览图像文件

选择"文件"|"在 Bridge 中浏览"命令,或单击界面最上方的视图控制条中的"启动 Bridge"按钮 Br ,系统将打开如图 2-17 所示的"浏览"窗口。

Adobe Bridge 的功能非常强大,使用它可以组织、浏览和寻找所需的图像文件,还可以直接预览 PSD、AI 和 PDF 等格式的文件。

Adobe Bridge 的主要功能除了浏览文件以外,还能搜索、排序、管理图像文件,对图像文件进行旋转、删除和重命名等操作。

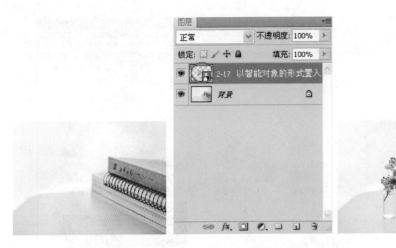

图 2-16　置入文件

图 2-17　"浏览"窗口

使用 Adobe Bridge 还可以查看数码照片的拍摄数据,这对于希望通过拍摄元数据学习摄影的爱好者十分有用。

2.2.6　保存图像文件

保存图像的方式有下面 3 种。

（1）选择"文件"|"存储"命令或按 Ctrl＋S 键。如果该文件已经被存储过，那么该操作将以同样的文件名覆盖存储；如果文件为没有被保存过的新图像，此时系统将弹出"存储为"对话框，在此对话框中设置要保存的文件名、文件格式等内容。在默认情况下，系统将把图像文件保存为 PSD 格式文件。

（2）选择"文件"|"存储为"命令，可以改变图像文件的名称和格式进行保存。当在"存储为"对话框中选择以 JPEG 格式保存文件时，将弹出如图 2-18 所示的"JPEG 选项"对话框，在该对话框的"品质"下拉列表中有"低"、"中"、"高"和"最佳"4 种压缩方式，质量越高，对图像的压缩量越小，文件所占的空间也就越大。

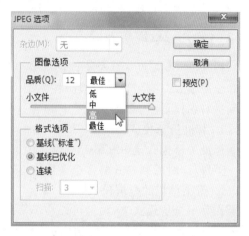

图 2-18 "JPEG 选项"对话框

（3）选择"文件"|"存储为 Web 所用格式"命令，可以将图像保存为适合于网络中使用的文件格式。如图 2-19 所示的"存储为 Web 所用格式"对话框用于对要保存的图像进行优化处理，还可以从中选取合适的压缩率的图像。

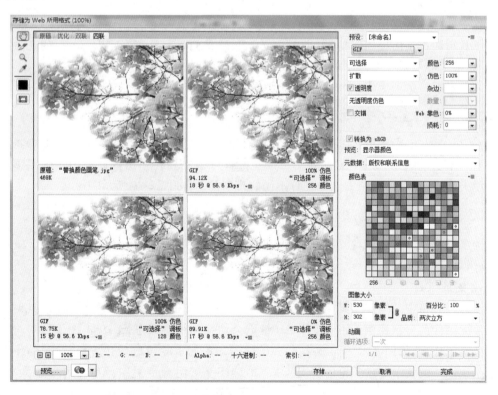

图 2-19 "存储为 Web 所用格式"对话框

2.3 图像窗口的基本操作

在 Photoshop 中处理图像时,首先要考虑的就是要有足够的空间来有效地工作,通常要在多个图像间切换并进行窗口的缩放,改变图像窗口的位置和大小,因此用户需要熟练地使用这些简单的窗口操作来提高工作效率。

2.3.1 切换屏幕模式

Photoshop 提供了 3 种不同的屏幕显示模式,分别是标准屏幕模式、带菜单栏的全屏模式和全屏模式。利用顶部的视图控制条中的屏幕模式 按钮可以很方便地在这 3 种模式之间进行切换,或连续按 F 键也可以在这 3 种不同的屏幕显示模式之间进行切换。

1. 标准屏幕模式

标准屏幕模式是 Photoshop 默认的屏幕显示模式,在该模式下正常显示窗口的所有项目,还可以同时看到打开的多个图像窗口,这种模式适合多图像工作。

2. 带菜单栏的全屏模式

在菜单全屏模式下,图像可以在屏幕的各个方向扩展,并能扩展到控制面板的下面,在此模式下图像文档窗口右边的滚动条和标题栏消失,为图像操作提供了较大的工作空间,此时要按住 Space 键使用抓手工具来导航。

3. 全屏模式

在全屏模式下,Photoshop 关闭了菜单栏,只显示工具箱和控制面板,如果按 Tab 键可以将工具箱和控制面板同时隐藏,此时 Photoshop 桌面显示为黑色,Windows 的任务栏也被隐藏,整个屏幕仅有图像显示,达到了图像显示区域的最大化。

如果要退出全屏模式,可以按 Esc 键或按 F 键在各屏幕模式之间进行切换。

2.3.2 排列窗口中的图像文件

在 Photoshop 中可以将多个文件窗口按需要的方式进行排列,以便对多幅图像进行快速查看。单击视图控制条中的排列文档按钮 ,可以看到在弹出的面板中包含了多个文档组织类型,可以对窗口中的文件进行不同的排列显示,如图 2-20 所示。

2.3.3 设置图像的显示比例

为了更好地编辑图像,需要缩放图像的显示比例,使用此功能易于对局部细节进行修改、编辑处理。

1. 缩放工具

选择工具箱中的缩放工具 ,将鼠标指针移至图像窗口会变成放大形态 ,此时单击可以放大图像的显示比例;如果按住 Alt 键则会切换为缩小形态 ,单击图像窗口可缩小图像的显示比例,如图 2-21 所示。按住 Alt 键滚动鼠标滑轮可以较快捷地放大、缩小图像的显示比例;在鼠标没有滑轮的情况下按 Ctrl+Space 组合键对图像单击可以放大显示;按 Alt+Space 组合键对图像单击可以缩小图像的显示比例。

当选择了工具箱中的缩放工具 后,在工具选项栏上将显示缩放工具的相关参数,如图 2-22 所示。

图 2-20 三联显示图像窗口

图 2-21 使用缩放工具缩放图像窗口

图 2-22 缩放工具的相关参数

使用缩放工具还可以指定放大图像中的某一区域,用户只要选择放大镜工具 🔍 ,鼠标指针就会变成 🔍 形状,移到图像窗口中,按下鼠标左键画一个显示区域,就能将想要放大的部位显示出来,如图 2-23 所示。

图 2-23　放大显示选定区域

2. 使用"导航器"面板

当对图像进行放大数倍或数十倍的细节处理时,窗口无法显示全部内容,可以通过"导航器"面板来查看图像。选择"窗口"|"导航器"命令可以打开"导航器"面板,这时拖动"导航器"面板下方的三角形游标,能够很方便地控制图像的显示比例。导航器中红色小方框内显示出当前正在查看的图像区域,拖动这个红色小方框可以快速地改变图像在窗口中显示的内容,如图 2-24 所示。

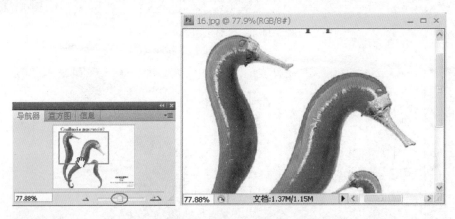

图 2-24　"导航器"面板控制图像的显示区域

在使用其他工具时,如果需要移动图像的显示区域也可以按住空格键,切换至抓手工具 ✋ ,直接在图像窗口中移动图像快捷地找到需要显示的区域。

2.3.4　使用辅助工具

在设计作品与排版时,标尺、网格和参考线是必不可少的辅助工具。使用标尺辅助工具可以帮助用户对操作对象进行测量,在标尺上拖动还可以快速建立参考线。

1. 使用标尺与网格

选择"视图"|"标尺"命令或按 Ctrl＋R 键,在图像窗口的左侧和上方会分别显示出标尺,如图 2-25 所示,再次按 Ctrl＋R 键标尺则自动隐藏。

网格用于物体的对齐和光标的精确定位。选择"视图"|"显示"|"网格"命令,即可在图像窗口中显示网格。Photoshop 默认网格的间隔为 2.5 厘米,子网格数量为 4 个,网格的颜色为灰色,双击标尺弹出"首选项"对话框,在其中可更改相应的参数。图 2-26 是显示网格间隔为 3 厘米、颜色为红色的网格图像窗口。

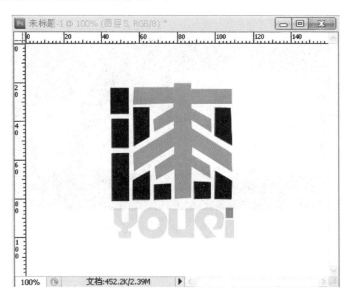

图 2-25 显示标尺

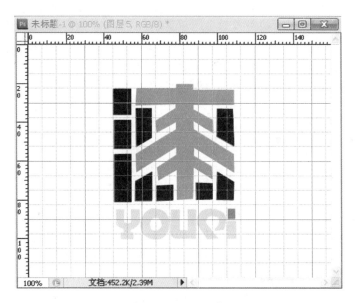

图 2-26 显示网格

当不需要网格时,执行"视图"|"显示"|"网格"命令,去掉"网格"命令前的√标记,即可隐藏网格(也可按 Ctrl＋H 组合键)。

2. 使用参考线

参考线和网格一样也用于对象的对齐与定位。在建立参考线前首先要显示标尺,然后将鼠标指针移动到标尺上方,按下鼠标左键拖动至画布,即可建立一条参考线。若要建立位置精确的参考线,选择"视图"|"新建参考线"命令弹出"新建参考线"对话框,按需设置即可,如图 2-27 所示。

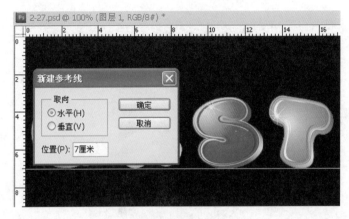

图 2-27　新建参考线

3. 移动参考线

使用移动工具 ▶⊕ 将光标移至参考线上,当光标显示为 ⇕ 或 ⇔ 时拖动鼠标可拖动参考线到所需的位置。按住 Shift 键拖曳参考线可自动吸附对齐标尺刻度,按住 Ctrl 键拖曳则可将参考线放置到任意位置。

若想删除参考线,只需拖动参考线至图像窗口外,也可执行"视图"|"清除参考线"命令将参考线删除。

4. 显示/隐藏参考线

参考线、网格等辅助对象均可通过执行"视图"|"显示额外内容"命令显示或隐藏,其快捷键为 Ctrl＋H。

2.3.5　设置画布的大小

画布是指绘制和编辑图像的工作区域,即图像显示区域,对画布的尺寸进行调整在一定程度上仅影响图像尺寸的大小,与图像的质量没有太大关系。

执行"图像"|"画布大小"命令可弹出"画布大小"对话框,如图 2-28 所示。

(1) 新建大小:输入数值重新设置画布的大小。

(2) 相对:输入的数值为画布增加或减少的尺寸,若为正值则增加原画布的大小,若为负数则会裁剪掉部分图像区域。

(3) 定位:用来设定画布扩展(或收缩)的方向。

(4) 画面扩展颜色:如果将画布扩大为新的画布,会以当前设置的背景色填充扩展的区域。

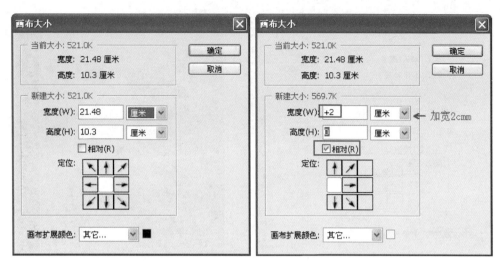

图 2-28　"画布大小"对话框

　　打开"第 2 章\图 2-29.jpg"素材文件,选择"图像"|"画布大小"命令,在弹出的"画布大小"对话框中可以看到原画布的宽度值为 139.7 毫米,如图 2-29 所示。

图 2-29　原画布的大小参数

　　在图 2-30 所示的"画布大小"对话框的"宽度"框中输入 159.7 毫米(将原宽度增加 20毫米),按下"定位"栏中最左侧的方形按钮,定位图像在新画布中的位置;设置画布扩展后的区域颜色为黑色,单击"确定"按钮以后可以看到图像右侧添加了黑色的边框。为了修饰画面,在边框内绘制一根白色的竖线条并输入拍摄信息,最终效果如图 2-31 所示。

2.3.6　画布的旋转与翻转

　　在 Photoshop 中用户可以按照自己的方式任意改变画布的方向,选择"图像"|"图像旋转"命令可看到此命令下的子菜单,如图 2-32 所示。在子菜单中除旋转画布的命令外,还有对画布做水平和垂直翻转操作的命令。若选择"90 度(顺时针)"命令,可将画布旋转成如图 2-33 所示的效果。

图 2-30 "画布大小"对话框的设置　　　　图 2-31 扩大画布后添加图像边框

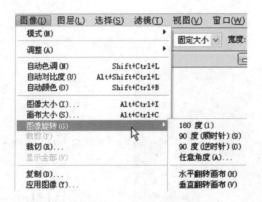

图 2-32 "图像旋转"子菜单

(a) 原图　　　　　　　(b) 顺时针旋转90度的效果

图 2-33 顺时针 90 度旋转画布

2.4 图层的基础知识

第1章介绍了图层的概念及工作原理,本节接着介绍图层的选择、移动、创建、删除等基本操作,同时深入讲解图层对齐、分布、链接、合并以及设置图层不透明度等操作,这些操作都在"图层"面板中完成。

2.4.1 "图层"面板

"图层"面板是用来管理图层的,各种图层基本操作都可以在"图层"面板中完成,例如选择图层、新建图层、删除图层、隐藏图层、设置图层不透明度与图层混合模式等。选择"窗口" | "图层"命令,或者按F7键,即可打开如图2-34所示的"图层"面板。

(1) 图层名称:每一个图层都可以命名为不同的名称,以便区别。例如,图2-34中图层的名称分别为"葵花"、"文字"、"背景"。

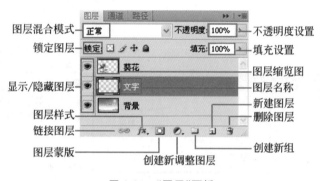

图 2-34 "图层"面板

(2) 眼睛图标 👁:显示和隐藏图层开关,单击眼睛图标就可以切换显示和隐藏状态。

(3) 缩览图标 🖼:该图层上图像的缩图,可以帮助用户标识图层。

(4) 锁定图层 🔒:图层锁定标记,表示图层不能被编辑。

(5) 锁定透明 🔲:选择该项时,编辑操作仅对图像中不透明的部分起作用。

(6) 创建新图层 🔳:单击 🔳 按钮可以建立一个新图层。

(7) 删除图层 🗑:单击该按钮可以将当前所选图层删除,拖动图层到该按钮上也可以删除图层。

(8) 链接图层 🔗:有此标记的图层被链接在一起,可以一起移动、改变大小。

(9) 不透明度:一个图层的不透明度决定了其下面一层的完全显示程度。其值在 0~100%之间,当取值为 0%时为完全透明,取值为 100%时则会完全遮盖住下面的图层。如图 2-35 所示,当图层的不透明度为 100%时,遮盖了后面的分图像,当图层的不透明度为 75%时,后面的图像基本能显现出来。

2.4.2 图层的基本操作

1. 将背景层转为普通图层

每一个新建的文件只有背景层,背景层位于图像的底层。大多数的操作命令不能直接

图 2-35　图层的不透明度

作用于背景层。背景层始终是作为"背景"存在的,所以不能更改它在图层中的顺序。背景层是不透明的,因此不能对它进行色彩混合模式和不透明设置。如果要进行操作,需要将背景层转换为普通图层,以满足图像的编辑要求。

双击"背景"图层,弹出"新建图层"对话框,如图 2-36 所示。在该对话框中可以设置图层的名称、颜色、模式和不透明度,设置完成后单击"确定"按钮,即可将其转换为普通图层。

图 2-36　将背景层转换为普通层

2. 选择图层

若要对图像进行编辑和修饰,首先要选择相应的图层作为当前工作图层。

(1) 在"图层"面板中进行图层选择操作:将鼠标指针移至"图层"面板,单击需要选择的图层即可。处于选择状态的图层以蓝底白字显示,如图 2-37 所示。

在选择一个图层后按住 Shift 键继续单击另一图层名称可选择多个连续的图层,如图 2-38 所示;按住 Ctrl 键在另一图层单击可选择不连续的多个图层,如图 2-39 所示。

图 2-37　选择图层　　　　　　图 2-38　选择多个连续图层

（2）在图像窗口中进行图层选择操作：使用移动工具  右击要选择的图像对象，在弹出的图层列表菜单中选择，如图 2-40 所示。

图 2-39　选择不连续的图层　　　　图 2-40　右击弹出图层列表菜单

使用移动工具 按住 Ctrl 键在图像窗口中单击图像对象也可以选择该对象所在的图层。

3. 创建新图层

新建图层是所有图层操作中最为基础的操作之一，单击"图层"面板下方的"创建新图层"按钮 ，便可以在当前层的上面直接创建一个 Photoshop 默认的新图层，或按 Ctrl＋Shift＋N 键，在弹出的"新建图层"对话框中单击"确定"按钮。新创建的图层是完全透明的图层，如图 2-41 所示。

(a) 创建新图层　　　　　　　　　　(b) 新建图层

图 2-41　创建图层

4. 显示与隐藏图层

"图层"面板的眼睛图标 不仅可指示图层的可见性，也可用于图层的显示/隐藏切换。通过对某图层的显示或隐藏操作可控制一幅图像的最终效果。

单击"图层"面板的眼睛图标 ，该图层即由可见状态转为隐藏状态，此时眼睛图标显示为 ，如图 2-42 所示。单击 图标，此图层从隐藏状态转为可见状态。

按住 Alt 键单击某图层的眼睛图标 ，可显示/隐藏除本层以外的所有图层，如图 2-43 所示。

5. 复制图层

复制图层可复制图层中的图像，下面 3 种方法都可以

图 2-42　隐藏图层

图 2-43　隐藏除当前图层以外的所有图层

完成复制图层的操作。

(1) 在"图层"面板中用鼠标按住将要复制的图层,拖至"图层"面板下方的"创建新图层"按钮 ▣ 上,即可复制一个与原图层内容相同的副本图层,如图 2-44 所示。

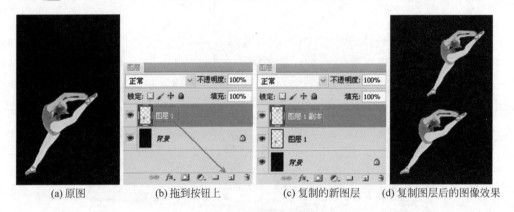

(a) 原图　　　　(b) 拖到按钮上　　　　(c) 复制的新图层　　　　(d) 复制图层后的图像效果

图 2-44　复制图层示例

(2) 执行"图层"|"新建"|"通过拷贝的图层"命令,或按 Ctrl+J 组合键便可快速复制当前图层。

(3) 如果要复制的图层为当前工作层,在图像窗口中使用移动工具 ▶⊕ 按住 Alt 键拖曳图层中的图像也能快速地复制当前图层。

6. 删除图层

如果需要删除某个图层,要先在"图层"面板上选择该图层,将其拖至面板下方的"删除图层"按钮 🗑 上,或直接单击"删除图层"按钮 🗑,也可以按 Delete 键更简单、快速地删除所选图层。

2.4.3　排列与分布图层

1. 改变图层的顺序

"图层"面板中的图层是从上到下堆叠排列的,上层对象的不透明部分会遮盖下面图层中的内容,因此,如果改变图层的顺序,图像效果也会发生改变。

在"图层"面板中,用鼠标按住图层名称拖动鼠标至另一图层的上面或下面,当突出显示的线条出现在要放置的图层位置时，释放鼠标即可调整图层的顺序。图2-45将"图层1"拖至"图层2"的下面，从而更改原图层的上下关系，表现在图像效果上则是改变原图对象的前后关系。

图2-45 改变图层的顺序

2. 对齐和分布图层

对齐图层是指将两个或两个以上的图层按一定规律进行对齐排列。

打开素材"第2章\2-46.psd"文件，使用移动工具 ▶✛ 按住Ctrl键在图像窗口中画矩形区域，将所有对象框选在其中（此时全部图层处于被选择状态），如图2-46所示。

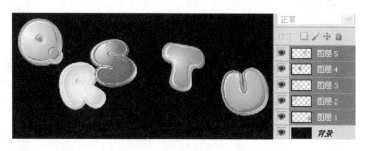

图2-46 选择所有图层

当多个图层处于选择状态时，移动工具选项栏如图2-47所示。

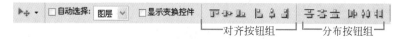

图2-47 移动工具选项栏

对齐按钮组从左至右依次为"顶对齐"、"垂直居中对齐"、"底对齐"、"左对齐"、"水平居中对齐"和"右对齐"按钮。

分布按钮组从左至右依次为"顶分布"、"垂直居中分布"、"按底分布"、"按左分布"、"水平居中分布"和"按右分布"按钮。

单击相应的按钮即可快速执行相应的图层对齐与分布操作。此例中单击"底对齐"和"水平居中分布"按钮后的效果如图2-48所示。

2.4.4 编辑图层

1. 锁定图层内容

锁定图层功能可限制图层编辑的内容与范围，以防止误操作。Photoshop为用户提供

图 2-48　对齐分布后的效果

了 4 种锁定方式,选择需要锁定的图层单击"图层"面板中相应的锁定按钮即可实现锁定操作。

(1) 锁定透明像素 ▦：锁定图层中的透明像素。

(2) 锁定图像像素 ✐：任何绘画工具都不能在该层操作。

(3) 锁定位置 ✛：无法使用移动工具对图像进行移动。

(4) 锁定全部 🔒：无法对该层进行任何操作。

2. 链接图层

由于各个图层之间都是各自独立、互不干扰的,当移动某一个图层时,其他的图层不会跟着移动。但有时因为某种需要,要求对两个或多个图层做出相同的处理,例如同时移动或同时缩放物体图像,以使两者的相对位置保持不变,在这种情况下就需要将这几个图层进行链接绑定。

图层链接的方法：按住 Ctrl 键单击要链接的若干图层,将它们选中(如果要选取连续的图层也可按 Shift 键),在"图层"面板的左下角单击链接图标 🔗,这样所有被选中的图层已被链接,再次单击链接图标可解除链接关系,如图 2-49 所示。

图 2-49　链接图层

3. 合并图层

Photoshop 对图层的数量没有限制,用户可以新建任意数量的图层。但图层太多,处理和保存图像时就会占用很大的磁盘空间,因此,及时合并一些不再需要修改的图层以节省系统的资源。图层的合并就是将多个图层合并为一个图层。合并的方式有很多,在"图层"面板菜单中有以下合并功能。

(1) 向下合并：选择此命令,可将当前图层与下一图层合并为一个新的图层,合并后的图层名称为下一图层的名称。合并时下一图层必须是可见的,否则命令无效,此命令的快捷键为 Ctrl＋E。如果将几个图层设置成链接图层,"向下合并"命令就会变成"合并图层"命令,此时会将所有有链接关系的图层全部合并掉(快捷键仍是 Ctrl＋E)。

(2) 合并可见图层：将图像中所有的可见图层合并为一个图层,而隐藏的图层保持不变,合并后的图层名称为当前图层的名称。此命令的快捷键为 Ctrl＋Shift＋E。

（3）拼合图像：将图像中的所有图层合并为一个图层，如果有隐藏图层，则将其丢弃。

4. 智能对象

当图像处理基本完成后，可以将各个图层合并，但是图层一旦被合并，就不能再拆分开了，这为后期的继续修改带来了麻烦。Photoshop为此提供了一个非常好的新功能——智能对象。在编辑图像时将一些同类对象的图层创建为一个智能对象，就类似将它们合并在一个图层了，当需要重新编辑其中的某一图层内容时可以在智能对象中进行修改。下面通过一个具体的例子来学习智能对象的操作。

（1）打开"第2章\图2-50.psd"文件，在这个文件中3个音符分别占了一个图层。

（2）按住 Shift 键将 3 个音符图层选中。

（3）单击"图层"面板的菜单按钮 ▼☰，在弹出的菜单中选择"转换为智能对象"命令，如图 2-50 所示。执行该命令后将所选图层暂时合并为一个图层，并自动以最上层命名为"音符 3"，如图 2-51 所示。

图 2-50　"转换为智能对象"命令

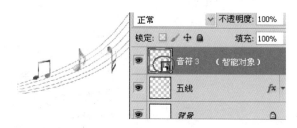

图 2-51　3 个图层合并为"智能对象"图层

（4）若要对其中一个音符的图层样式做修改，只需双击"图层"面板中的智能对象缩略图，就会打开一个信息警示窗，单击"确定"按钮后，会打开一个由智能对象图层组成的 PSD 文件，如图 2-52 所示。

（5）此时便可以对刚才合并了的图层做出自己所需的修改。这里将 3 个图层中音符的图层样式进行了更换，完成操作后按 Ctrl＋S 键保存刚才的操作，再关闭这个新文件的窗口，即可重新回到原文件窗口。

图 2-52　打开"智能对象.psd"文件

2.5　图像的编辑

2.5.1　图像的大小

　　图像的尺寸和分辨率对一幅图像的质量非常重要,如果在像素总量变化的情况下将图像的尺寸变小,再以同样的方法将图像的尺寸放大,将无法得到原图像的细节。

　　在数字时代的今天,数码摄影已成为大众普遍的选择。高像素的数码照片要上传至网上论坛或发送邮件都必须进行"瘦身",因为论坛和邮箱对附件的大小有严格的限制。用户可以利用"图像大小"命令自由调整照片的像素和分辨率的大小。

　　选择"图像"|"图像大小"命令,弹出"图像大小"对话框,如图 2-53 所示。在"宽度"、"高度"文本框中输入新的像素值,此时对话框上方将显示两个数值,前一数值为当前像素值下的图像大小(531.7KB),后一数值为原图像大小(1.99MB),表明图像的总像素量减少了,同时图像的尺寸也变小了,如图 2-54 所示。

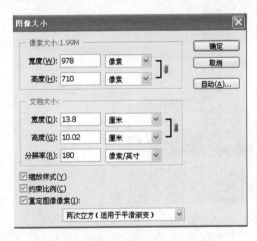

图 2-53　图像尺寸变化前的对话框

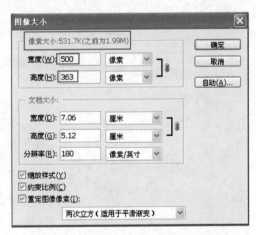

图 2-54　图像尺寸变化后的对话框

2.5.2　图像的裁剪

　　通过裁剪工具可以对一幅图像进行有选择的去留操作,用户可以自由地控制裁剪位置与大小,将图片中不需要的内容剪除。在工具箱中选择裁剪工具 ,按下鼠标左键在图像中拖动,得到一个裁剪控制框,此时控制框外的图像将变暗,按下回车键或双击鼠标即可完成裁剪操作,裁剪框外的图像将被去除,如图 2-55 所示。

(a) 原图   (b) 绘制裁剪框   (c) 裁剪结果

图 2-55 裁剪图像操作

通过裁剪工具修正照片的拍摄角度。图 2-56 所示的照片在拍摄过程中没有对齐地平线，使塔产生了歪斜感。选择裁剪工具 ，用鼠标拖出裁剪控制框并逆时针旋转，将其调整至垂直，满意后双击得到如图 2-56 所示的效果。

(a) 原图   (b) 旋转控制块   (c) 裁剪后的效果

图 2-56 调节裁剪图像的方向

2.5.3 图像操作的恢复

用户在图像的编辑处理中执行了误操作，可以使用恢复和还原功能快速地返回到以前的编辑状态。

1. 使用命令和快捷键操作

在 Photoshop 中操作时，最近一次的操作步骤会显示在"编辑"菜单中，选择该菜单下的"还原"和"重做"命令可进行相应操作，也可通过 Ctrl＋Z 组合键来完成"还原"和"重做"操作。

"还原"和"重做"命令只能还原和重做最近的一次操作，在实际操作中使用"前进一步"（快捷键为 Ctrl＋Shift＋Z）和"后退一步"（快捷键为 Ctrl＋Alt＋Z）命令可以还原和重做多步，即进行连续的恢复操作。

2. 使用"历史记录"面板进行还原和重做

通过"历史记录"面板，可以按操作顺序逐步撤销和恢复操作，它以面板的形式使"还原"和"重做"到了随心所欲的地步。当打开一个文档后，"历史记录"面板会自动记录每一个所做的动作。每一动作在面板上占有一格，称为状态。Photoshop 默认的状态为 20 步，"历史记录"面板仅列出最近 20 个历史状态，更早的状态会被自动清除。单击"历史记录"面板上的任意一个状态，就可以回复到该状态，如图 2-57 所示。

3. 建立快照暂存历史记录

在默认情况下,"历史记录"面板只能记录最近的 20 个记录,如果希望在图像编辑过程中一直保留某个历史状态,可以为该状态创建"快照"。

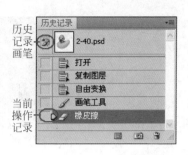

图 2-57   "历史记录"面板

2.5.4   变换图像

利用 Photoshop 的变换命令可以对图像进行角度及大小的调整操作,例如缩放图像、旋转图像、翻转图像等,如图 2-58 所示。

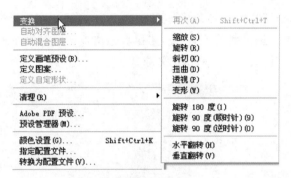

图 2-58   变换图像命令

1. 缩放、旋转图像

在"编辑"|"变换"子菜单中选择需要使用的变换选项,此时被选图像四周会出现变换控制框,也可按 Ctrl+T 键调出自由变换控制框。当鼠标指针变成 ⤢ 形状时拖动鼠标,即可改变图像的大小,若按住 Shift 键再拖动控制块可按原长宽比例进行缩放。

打开"2-59.psd"素材文件,按 Ctrl+T 键调出自由变换框,将鼠标指针移动到变换框的 4 个角点位置待鼠标指针变成 ↰ 形状时拖动鼠标,即可以控制框的中心点为基准旋转图像。确认变换操作还必须双击控制框或按 Enter 键,如图 2-59 所示。

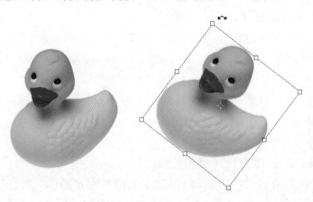

图 2-59   变换控制框

2. 斜切、透视与翻转图像

打开"2-59.psd"素材文件,选中图层 1 后按 Ctrl+T 键,调出自由变换控制框,在框内右击,在弹出的快捷菜单中选择"斜切"命令,当鼠标指针变成 ↘ 形状时,拖动控制框的某一边,即可使图像在鼠标指针移动的方向上发生斜切变形,如图 2-60 所示。

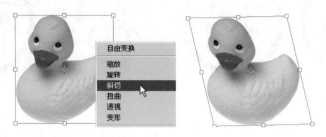

图 2-60　斜切图像

按 Ctrl+T 键调出自由变换控制框,然后右击,在弹出的快捷菜单中选择"水平翻转"命令,即可使图像发生翻转获得镜像效果,如图 2-61 所示。

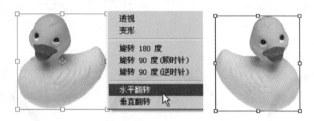

图 2-61　水平翻转图像

打开"2-62.psd"素材文件,按 Ctrl+T 组合键调出自由变换控制框,然后右击,在弹出的快捷菜单中选择"透视"命令,当鼠标指针变为 ▶ 形状时,拖动控制框的某个控制块,即可使图像在鼠标指针移动的方向上获得透视效果,如图 2-62 所示。

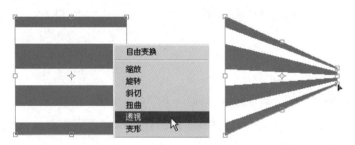

图 2-62　透视图像

3. 变形图像

使用"变形"命令,可以对图像进行弯曲、扭转等变形操作。选择"编辑"|"变换"|"变形"命令即可调出变形网格控制框,直接拖动控制块至变形所需的效果。打开"2-63.psd"素材文件,如图 2-63 所示将"福"字进行变形操作。

以上操作也可按 Ctrl+T 键调出自由变换控制框,再单击选项栏中的"变形模式切换"按钮 ⿴,将自由变换转换为变形。

4. 再次变形

选择"编辑"|"变换"|"再次"命令,可重复上一次的变换操作。按 Ctrl+Shift +T 组合键

图 2-63　图像变形操作

也可执行该命令。选择"编辑"|"变换"|"再次"命令时按下 Alt 键,可使用副本进行重复变换。

例如,打开"2-63.psd"素材文件,对"福"字按 Ctrl+T 键调出变换控制框,将文字缩小到原来的 40%,并将其拖放到如图 2-64(a)所示的位置,按 Enter 键确认。

复制图层 1 得到"图层 1 副本",按 Ctrl+T 组合键后在工具选项栏中设置旋转角度值为"90",并将旋转后的文字拖放到如图 2-64(b)所示的位置,按 Enter 键确认。

接下来只需按 Ctrl+Shift +Alt+T 键两次,使用副本进行两次重复变换,便可得到如图 2-65 所示的效果。

(a) 文字缩小后的位置　　　　(b) 副本层进行旋转后的位置

图 2-64　对文字进行缩放后的位置调整图　　　　图 2-65　重复变换效果

课后习题

1. 移动复制图像练习:新建 RGB 图像文档,大小为 800×1000 像素、分辨率为 72 像素/英寸,打开"第 2 章\图 2-66.psd"文件,使用移动工具将所需素材拖入新建的文档中,并按图 2-66 所示的要求进行摆放。

操作提示:

(1) 插入图像时注意图层中的上下顺序,即为效果图中的前后顺序。

(2) 使用移动工具时按住 Alt 键拖动可复制所选对象。

2. 排列与分布练习:打开"第 2 章\图 2-67.psd"文件,运用图像变换操作及图像排列操作,完成运动鞋宣传画的制作,效果如图 2-67 所示。

操作提示:

(1) 选中"鞋底"图层按 Ctrl+T 调整大小至全画面。

(2) 按住 Shift 键,将 5 个鞋子图层全选,调出图像变换框,改变原方向。

(3) 按住 Alt 键拖动鼠标复制这 5 个图层,然后单独调换每个鞋子的位置。

(a) 素材   (b) 效果

图 2-66   复制移动图像练习

3. 打开"第 2 章\2-68.psd"文件,利用图像变换命令对盘子进行变换操作,再将素材中的苹果放入盘中,最终效果如图 2-68 所示。

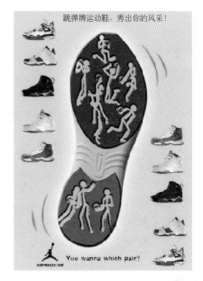

操作提示:

(1) 选中盘子图层,按 Ctrl＋T 键调出自由变换框,然后按住 Ctrl 键拖动各控点进行调节。

(2) 将苹果素材拖入盘子后,同样要使用自由变换框调节大小或进行水平翻转变化。

4. 打开"第 2 章\2-69.psd"文件,运用"再次变换"操作绘制如图 2-69 所示的图案。

操作提示:

(1) 选中所给素材线条,在"属性"面板中设置参考点为左下角 ▦ 。

(2) 对图像旋转 5 度、缩放至原大小的 94%,并移动一定的距离,按回车键确认变换。

(3) 按 Ctrl＋Alt＋Shift＋T 组合键进行重复变换操作。

图 2-67   运动鞋宣传画

图 2-68   变换操作

图 2-69   重复变换操作效果图

第 3 章

绘画与修饰工具

Photoshop 不仅有一种图像处理功能,它还具备图像绘制与修饰功能。本章将讲述画笔、橡皮擦、填充、渐变、形状等绘图工具,还将介绍修复画笔、加深/减淡、模糊/锐化等修饰工具。

3.1 填充工具

使用填充工具可以对特定的区域进行色彩或图案的填充。在使用 Photoshop 的绘图工具进行绘图时,选择好颜色至关重要。

3.1.1 前景色与背景色

前景色通常用于绘制图像、填充和描边选区等,而对于背景图层,删除或擦除的区域将用背景色填充。

在工具箱下部有两个交叠在一起的正方形,它们显示的是当前所使用的前景色和背景色。系统默认的前景色为黑色、背景色为白色。单击工具箱下部的默认色按钮 ▣ 或按 D 键可恢复系统默认的前景色和背景色。切换前景色与背景色的操作方法是单击 ⇄ 按钮或按 X 键,如图 3-1 所示。

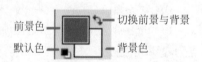

图 3-1　前景色与背景色图标

在 Photoshop 中可以使用"拾色器"对话框、"颜色"和"色板"面板、吸管工具来设置新的前景色和背景色。

1. 使用"拾色器"对话框选取颜色

单击工具箱中的"前景色"或"背景色"按钮,都可以弹出"拾色器"对话框,如图 3-2 所示。

该对话框左侧的颜色区域用来选择颜色,在需要的色彩处单击就能在右侧的小颜色区域中显示出当前所选的颜色。在这个小色块区域中的下半部显示的是前一次所选的颜色,拖动竖长条彩色滑杆上的小三角滑块能调整颜色的不同色调。

如果需要精确地设置颜色参数,可直接在颜色模式数值框中输入颜色值,或在颜色代码数值框中输入十六进制颜色代码。

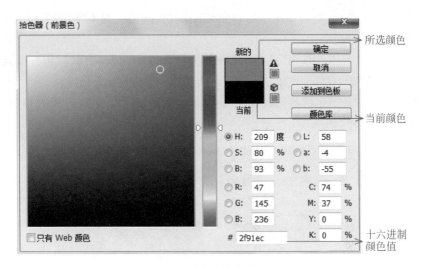

图 3-2 "拾色器"对话框

2. 使用"颜色"面板和"色板"面板

"颜色"面板和"色板"面板是 Photoshop 提供的专门用于设置颜色的控制面板。

（1）"颜色"面板用于设置前景色和背景色，也用于吸管工具的颜色取样。单击面板右上角的 ▼≡ 按钮，打开"颜色"面板的菜单，如图 3-3 所示。通过其中的菜单命令可以切换不同模式的滑块和色谱。拖动颜色滑块，可改变当前所设置的颜色；将光标放在四色曲线图上，光标会变成吸管状，单击即可拾取颜色作为前景色，如果是按住 Alt 键进行拾取，则可作为背景色。

图 3-3 "颜色"面板和面板菜单

（2）Photoshop 还提供了一个"色板"面板，用于快速选取颜色。当将鼠标指针移到"色板"面板中的某一颜色块时，鼠标指针会变成吸管形状 🖊，这时可用它选取颜色替换当前的前景色或背景色。

该面板中的颜色都是预设好的，可直接选取使用，这就是使用"色板"面板选色的最大优点。用户还可以在"色板"面板中加入一些常用的颜色,或将一些不常用的颜色删除,并保存色板,方便以后快速取色。

添加色样:将鼠标指针移至"色板"面板下部的色样空白处,当鼠标指针变成油漆桶形状 🖐 时,单击即可添加色样,添加的颜色为当前选取的前景色。

删除色样:在按住 Alt 键的同时在色样面板中单击就可以删除色样方格,这时鼠标指针会变成剪刀形状 ✂ ,如图 3-4 所示。

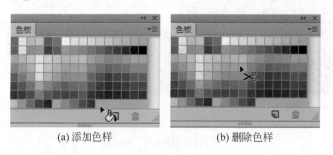

(a) 添加色样　　　　　　　　(b) 删除色样

图 3-4　"色板"面板

3. 使用吸管工具

除了使用"拾色器"对话框选择颜色外,用户还可以使用工具箱中的吸管工具 🖋 在当前图像区域单击,拾取单击处的颜色作为前景色,在按住 Alt 键的同时单击,可拾取单击处的颜色作为背景色。

4. 填充颜色

1) 使用"填充"命令

在绘制图像和处理图像的过程中,设置好颜色后就可以将颜色应用到图像中。用户可以执行"填充"命令在弹出的对话框中进行填充设置,还可以按快捷键填充前景色或背景色。

使用"填充"命令可以对整个图像或选区应用色彩或图案的填充。执行"编辑"|"填充"命令(或按 Shift＋F5 组合键),在弹出的"填充"对话框中可以对填充的内容、模式和不透明度等参数进行设置,如图 3-5 所示。

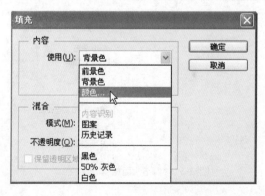

图 3-5　"填充"对话框

在图 3-5 所示的"使用"下拉列表中选择"前景色"、"背景色"、"黑色"、"50％灰色"或"白色"选项,可以用指定颜色进行填充。选择"颜色"选项,在弹出的"拾色器"对话框中可自定义用于填充的颜色。

若在"使用"下拉列表中选择"内容识别"选项,在填充选定区域时可以对所选区域的图像进行修补,为图像处理提供了一个更智能、更有效率的解决方案,如图 3-6 所示。

打开"第 3 章\图 3-6.jpg",使用套索工具 ![套索] 绘制选区将右下方的蝴蝶选中,然后按 Shift+F5 键弹出"填充"对话框,选择"内容识别"选项,单击"确定"按钮,可以将左下角的红色蝴蝶轻松去除。

图 3-6 使用"内容识别"操作

2)使用快捷键命令

使用快捷键可以方便、迅速地填充选定区域或整个图层的颜色。使用选框工具 ![选框] 绘制一个矩形选区,按 Alt+Delete 键可在选区内填充前景色;移动选区,按 Ctrl+Delete 键可在选区内填充背景色,如图 3-7 所示。

图 3-7 使用快捷键对选区填充颜色

3.1.2 油漆桶工具

使用油漆桶工具 ![油漆桶] 可以在图像中填充前景色,但只能填充与鼠标单击位置的颜色相近的图像区域(即位于容差范围内颜色相近的图像区域),如图 3-8 所示。

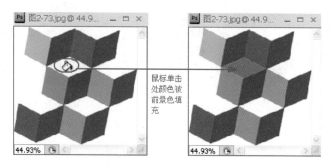

图 3-8 对单击处的颜色范围进行前景色的填充

如果在油漆桶工具选项栏的"填充"下拉列表框中选择"前景"选项,则以前景色进行填充。若选择"图案"选项,则用户可以在"图案"下拉列表中选择一种图案进行填充,如图 3-9 所示。

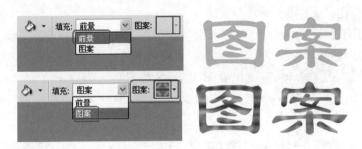

图 3-9　油漆桶工具的使用

应用实例：

（1）打开"第 3 章\图 3-10.jpg"素材文件，改变卡通娃娃的颜色。

（2）选择油漆桶工具 ，根据效果图要求分别拾取不同的前景色。

（3）单击鼠标左键对指定的色彩范围进行颜色的替换，效果如图 3-10 所示。

图 3-10　使用油漆桶工具替换颜色区域

3.1.3　渐变工具

渐变工具用于颜色逐渐变化的场合，以表现图像颜色的自然过渡。根据变化的要求不同，渐变类型共分为 5 种，即线性渐变、径向渐变、角度渐变、对称渐变和菱形渐变，如图 3-11 所示。

线性渐变　　　　径向渐变　　　　角度渐变　　　　对称渐变　　　　菱形渐变

图 3-11　5 种不同渐变类型的应用效果

1. 渐变工具

选择渐变工具 后，工具选项栏如图 3-12 所示。

如果要选择预设的渐变样式，单击渐变条右边的 按钮，此时将弹出如图 3-13 所示的"预设的渐变色样"，选择所需的渐变效果即可。

在渐变工具选项栏中单击渐变框 ，将弹出如图 3-14 所示的"渐变编辑器"对话框，可以在对话框中编辑渐变效果。

图 3-12　渐变工具选项栏

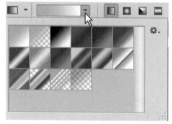

图 3-13　预设的渐变色样

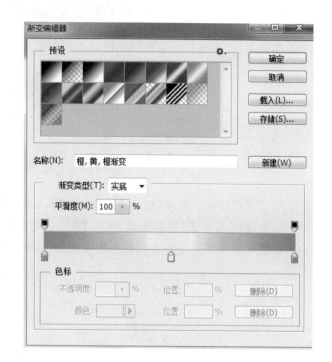

图 3-14　"渐变编辑器"对话框

2. 编辑渐变

在渐变编辑条中有上、下两排滑块,上面的滑块是"不透明度色标",用来设置填充颜色的不透明度;下面的滑块是"色标",用来定义渐变颜色。下面介绍它们的使用方法。

(1) 将鼠标指针放在颜色条下方,当出现 形状时单击可添加色标,如图 3-15 所示。

(2) 双击"色标"滑块弹出"拾色器"对话框,可设置要添加的颜色。

图 3-15　添加色标

(3) 对于不需要的色标,用鼠标按住并向渐变色条外拖动,即可删除该色标。

(4) 将鼠标指针放在颜色编辑条上方,当出现 形状时单击,可添加不透明度色标。

(5) 在"不透明度"框中可设置渐变颜色的不透明度,如图 3-16 所示。

3. 应用实例

(1) 选择渐变工具 ,单击渐变框 ,弹出"渐变编辑器"对话框。

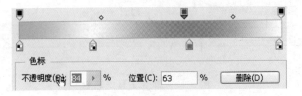

图 3-16　设置不透明度

（2）单击添加"不透明度色标"，并设置不透明度为 0，如图 3-17 所示。

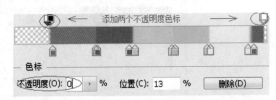

图 3-17　设置渐变条

（3）在工具选项栏上单击"线性渐变"按钮 █，在新建的图层 1 上做线性渐变填充。

（4）新建图层 2，单击"径向渐变"按钮 █ 做径向渐变填充。

（5）依照此方法继续设置不同颜色的渐变条，绘制大小不一的圆形，最终效果如图 3-18 所示。

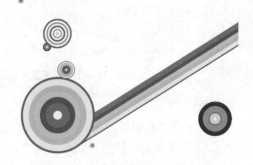

图 3-18　使用渐变填充绘制图案

3.2　形状工具

使用 Photoshop 中的形状工具可以创建各种几何形状。在工具箱的形状工具组上右击，将弹出隐藏的形状工具，如图 3-19 所示。

3.2.1　矩形工具

矩形工具用于绘制矩形或正方形。选择矩形工具 █ 后，在工具选项栏中选择"像素"（如图 3-20 所示），便可绘制以前景色填充的矩形或正方形，按住 Alt 键则以鼠标单击点为中心绘制矩形，按住 Shift 键可以绘制正方形。

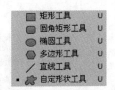

图 3-19　形状工具组

图 3-20 设置矩形工具选项栏

3.2.2 圆角矩形工具

圆角矩形工具用于创建具有圆角效果的矩形,该工具的使用方法与矩形工具相同。选择圆角矩形工具 ⬭ ,工具选项栏如图 3-21 所示。其中,"半径"选项用来设置圆角的半径,值越大圆角越大。图 3-22 所示的形状分别是"半径"为 10 像素和 30 像素的圆角矩形。

图 3-21 圆角矩形工具选项栏

3.2.3 椭圆工具

椭圆工具 ⬭ 用于绘制椭圆或圆形。单击椭圆工具选项栏中的"设置"按钮 ⚙ ,可以设置圆的直径或椭圆的长、短轴长度,如图 3-23 所示,按住 Shift 键可以绘制圆形。

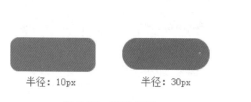

半径:10px   半径:30px

图 3-22 圆角矩形

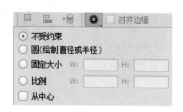

图 3-23 设置椭圆

3.2.4 多边形工具

使用多边形工具 ⬡ 能创建 3 条边以上的星形和多边形。单击"设置"按钮 ⚙ ,可打开选项设置面板,图 3-24 所示为多边形选项栏和多边形选项设置界面。

图 3-24 绘制星形和多边形

◇ 边:设置多边形的边数。

◇ 半径:设置多边形或星形的半径长度。

◇ 平滑拐角:选中该复选框,可绘制出具有平滑拐角的多边形。

◇ 星形:选中该复选框可绘制星形。

■ 缩进边依据：设置星形边缘向中心缩进的百分比，数值越大，缩进量越大。

■ 平滑缩进：选中该复选框，使星形的每条边向中心平滑缩进。

（1）选择多边形工具，在选项栏中设置边为"5"，分别设置半径为"30 像素"和"60 像素"，然后绘制两个半径不同的五边形，如图 3-25 所示。

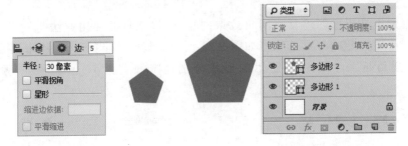

图 3-25　半径为"30 像素"和半径为"60 像素"的两个五边形

（2）在选项栏中选中"星形"复选框绘制五角星，分别在缩进边依据中设置"50％"和"90％"绘制两个五角星，图 3-26 显示了两种不同缩进边依据的效果。

图 3-26　缩进边依据分别为"50％"和"90％"的效果

3.2.5　自定形状工具

自定形状工具可以用来绘制一些自定义的图形。选择自定形状工具 ，其选项栏如图 3-27 所示。

图 3-27　自定形状工具选项栏

单击"形状"选项右侧的 按钮，打开"形状"面板，该面板中有可供用户选择的各种形状。"形状"面板中列出的预设的形状不多，要想添加更多的形状可单击右侧的 按钮，在弹出的下拉菜单中选择"全部"命令将系统中的形状都加载进来，如图 3-28 所示。

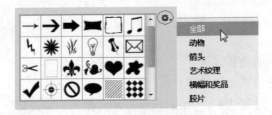

图 3-28　"形状"面板

3.2.6　应用实例

综合使用形状工具和 Photoshop 自带的各种形状图形绘制卡通图案。

（1）新建大小为 800×500 像素、分辨率为 72 像素/英寸的文档。

（2）选择自定形状工具 ，在工具选项栏中选择"像素"选项。

（3）单击"形状"选项右侧的 按钮，在"形状"面板中选择"爪印"形状。接着新建图层 1 绘制两个"爪印"形状，将背景层隐藏后用选框工具 将其选中。

（4）选择"编辑"|"定义图案"命令，如图 3-29 所示。

图 3-29　定义图案

（5）按 Delete 键将绘制的形状删除，然后单击画布撤销选区。

（6）选择油漆桶工具，在工具选项栏中选择"图案"选项。

（7）在工作区中单击，将刚才自定义的图案填充到图层 1 中。

（8）新建图层 2，选择矩形工具 ，设置前景色为♯dd97a6，在画布下部绘制矩形。

（9）打开"第 3 章\图 3-30.jpg"素材文件，将其拖入文档中（系统命名为图层 3）。

（10）在图层 2 的上方新建图层 4，将鼠标指针移至图层 3 的背景上单击吸取颜色，设置前景色与图层 3 的背景色相同。

（11）使用圆角矩形工具 绘制圆角矩形，然后按 Ctrl＋T 组合键调整其与图层 3 的大小基本一致。

（12）按住 Shift 键将图层 3 和图层 4 同时选中，按 Ctrl＋E 组合键合并图层。

（13）使用 Ctrl＋T 组合键变换角度，放置在如图 3-30 所示的位置。

（14）选择自定形状工具 ，单击"形状"选项右侧的 按钮，在"形状"面板中选择"轨道"形状进行绘制，最终的完成效果如图 3-30 所示。

图 3-30　使用形状工具绘制图案

3.3 绘画工具

在 Photoshop 中,绘画工具用于创建基于像素的位图图像。绘画工具箱中有画笔、铅笔、橡皮擦、图案图章、橡皮图章、模糊、锐化、涂抹、加深、减淡、海绵及修复画笔等修图工具,熟练地使用图像编辑工具编辑图像是每位 Photoshop 用户必须掌握的基本功。

3.3.1 画笔工具及其设置

1. 画笔工具

画笔工具是最基本的绘图工具,学会使用该工具是绘制和编辑图像的基础。在使用画笔工具绘画时首先应设置好前景色,然后再通过工具选项栏对画笔的笔尖形状、大小和不透明度等属性进行设置,如图 3-31 所示。

图 3-31 画笔工具选项栏

单击"画笔预设选取器"按钮 ,打开"画笔预设选取器"面板,如图 3-32 所示。选择 Photoshop 提供的画笔预设样本,移动"大小"滑杆或直接在文本框中输入数值来设置画笔的大小;移动"硬度"滑杆定义画笔边界的柔和程度。

(1)硬边画笔:这类画笔绘制的线条没有柔和的边缘,硬度越大,绘制出来的形状越趋于实边。

(2)柔和画笔:这类画笔所绘制的线条会产生柔和的边缘,可以模拟毛笔的效果。图 3-33 所示为不同硬度的画笔效果。

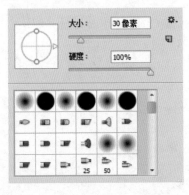

图 3-32 "画笔预设选取器"面板

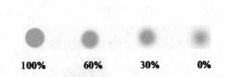

图 3-33 不同硬度的画笔效果

2. "画笔"面板

单击"切换画笔面板"按钮 (或按 F5 键),打开"画笔"面板,用户可以在其中预览、选择 Photoshop 提供的预设画笔。设置笔尖形状的参数有笔尖形状及相关大小、硬度、角度、圆度、间距等。在面板下方还有该画笔的绘画效果预览。

◇ "大小"选项:设置画笔笔尖的大小。

◇ "翻转"选项：改变画笔笔尖的方向。

◇ "角度"选项：设置画笔的倾斜角度。

◇ "圆度"选项：设置画笔的长轴与短轴比例。

◇ "硬度"选项：设置画笔边缘的柔和度。

◇ "间距"选项：设置笔尖间隔距离。

（1）在"画笔"面板中选择"形状动态"选项切换到相应的参数设置，该选项可以增加画笔的动态效果。

① "大小抖动"：控制绘制过程中笔尖大小的随机度，数值越大，变化幅度越大，如图 3-34 所示。

图 3-34　大小抖动画笔效果

② "渐隐控制"：数值越大，画笔消失的距离越长，变化越慢，如图 3-35 所示。

图 3-35　渐隐控制效果

③ "角度抖动"：设置笔尖角度变化的随机程度，如图 3-36 所示。

图 3-36　角度抖动效果

（2）在"画笔"面板中选择"散布"选项用于设置画笔绘制内容偏离绘画路线的程度和数量，即绘制图像的动态分布效果。

① "散布"：控制画笔偏离绘画路线的程度，数值越大偏离越远如图 3-37 所示。

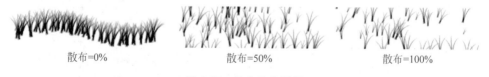

图 3-37　散布变化效果

② "数量"：控制画笔点的数量，数值越大，画笔点越多，如图 3-38 所示。

（3）"颜色动态"控制绘画过程中画笔颜色的变化情况。在设置动态颜色时，"画笔"面板下方的预览框不会显示相应的效果，只有在图像窗口中绘画后才能看到动态颜色效果。

① "前景/背景抖动"：设置画笔颜色在前景色和背景色间随机变化，如图 3-39 所示。

② "色相抖动"：指定画笔绘制过程中画笔颜色色相的动态变化范围。

数量=1　　　　　　　　　数量=3　　　　　　　　　数量=6

图 3-38　不同数量的画笔效果

前景背景抖动=0%　　　　　前景背景抖动=50%　　　　　前景背景抖动=100%

图 3-39　颜色动态效果

③ "饱和度抖动"：指定画笔绘制过程中颜色的饱和度随机变化的动态范围。

④ "亮度抖动"：指定画笔绘制过程中画笔颜色亮度的动态变化范围。

3. 载入画笔

在实际应用中，仅靠 Photoshop 提供的画笔预设样本远远不够，这时便可去网络查找所需的画笔资源，然后载入 Photoshop 系统中使用。

单击"画笔预设"面板右上方的 ✿. 按钮，在弹出的下拉菜单中选择"载入画笔"命令，弹出"载入"对话框，选择 Trees.abr 画笔文件，单击"载入"按钮将画笔载入。打开"画笔预设"面板，选择自己所需的画笔便可进行绘制，如图 3-40 所示。

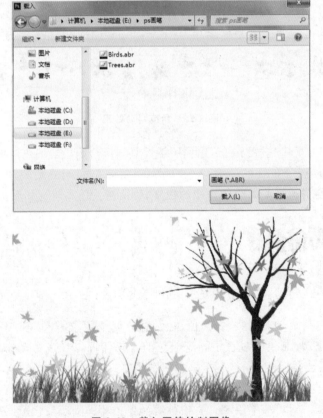

图 3-40　载入画笔绘制图像

4. 自定义画笔

在绘制图像时不仅可以使用 Photoshop 提供的预设画笔或加载外部画笔,还可以选择"编辑"|"定义画笔预设"命令创建自己喜欢的画笔笔尖形状。

(1) 选择自定形状工具 ,在工具选项栏中选择"像素"选项。

(2) 单击"形状"选项右侧的 按钮,打开"形状"面板。

(3) 单击 按钮,在弹出的菜单中选择"全部"命令,将预设的所有形状都加载进来。

(4) 在形状列表中找到"蝴蝶"形状,在新建的图层上绘制蝴蝶形状。

(5) 使用选框工具 将所绘制的蝴蝶框选,并将背景层隐藏。

(6) 选择"编辑"|"定义画笔预设"命令,如图 3-41 所示。

(7) 在弹出的"画笔名称"对话框中为新创建的画笔命名。

(8) 按 B 键切换到画笔工具 ,按 F5 键打开"画笔"面板,设置画笔的形状动态。

(9) 选中定义好的蝴蝶画笔,设置动态效果后绘制一个心形相框,如图 3-42 所示。

图 3-41　自定义画笔预设　　　　　　图 3-42　自定义画笔绘制心形相框

在使用画笔工具的过程中,对笔尖形状的大小、硬度、不透明度等常用参数的设置使用快捷键方式操作效率会更高。

◇ 按[键可将画笔笔尖减小;按]键可将画笔笔尖变大。

◇ 按 Shift ＋[组合键和 Shift ＋]组合键可减少或增加笔尖的硬度。

◇ 使用数字键 1～9 可快速调整画笔的不透明度值,它们分别代表 10%～90% 的不透明度值。

3.3.2　颜色替换工具

使用颜色替换工具 可以在保留图像原有纹理与明暗的基础上用前景色置换光标在图像中取样的颜色,其选项栏如图 3-43 所示。

图 3-43　颜色替换工具选项栏

◇ "取样"方式。

■ 连续 :在拖曳光标时对颜色进行取样。

- 一次 🖊：仅替换光标第一次单击的颜色区域中的目标颜色。
- 背景 🖊：只替换包含当前背景色的区域。

◇ "限制"方式。
- 不连续：替换出现在光标下任何位置的取样颜色。
- 连续：仅替换与光标下取样颜色接近的颜色。
- 查找边缘：可替换包含取样颜色的连接区域,同时保留形状边缘。

◇ "容差"用来设置取样颜色的范围,数值越大,类似的颜色选区越大。

下面通过颜色替换操作将春景图处理成秋景图。

(1) 打开"第 3 章\图 3-44.jpg"素材文件,在工具箱中选择颜色替换工具 🖊。

(2) 在工具选项栏中设置取样方式为"一次"、限制方式为"连续"、容差为"32"。

(3) 设置目标前景色,在需要替换颜色的区域内拖动鼠标,效果如图 3-44 所示。

图 3-44　颜色替换操作效果

3.3.3　历史记录画笔工具

历史记录画笔工具 🖊 需要配合"历史记录"面板使用,其主要功能是将图像的某一区域恢复至某一历史状态。下面以一个实例说明历史记录画笔工具的操作方法。

打开"第 3 章\图 3-45.jpg"素材文件,按 Ctrl＋Shift＋U 组合键进行去色处理,再依次选择"滤镜"|"风格化"|"查找边缘"、"画笔描边"|"阴影线"、"纹理"|"纹理化"命令,执行滤镜后的效果如图 3-45 所示。

(a) 原图　　　　　　　　　(b) 执行滤镜后的效果

图 3-45　滤镜处理

打开"历史记录"面板,将"历史记录画笔源"标记放在"打开"位置,这时选择历史记录画笔工具,并在工具选项栏中设置合适的"不透明度"为30%,用画笔在画面中涂抹,恢复前几步的操作,最终效果如图3-46所示。

(a)"历史记录"面板　　　　　　(b)使用历史记录画笔工具后的效果

图3-46　历史记录画笔工具的操作

3.4　图像修复工具

图像修复工具用于图像的修饰,主要包括污点修复画笔工具、修复画笔工具、修补工具、内容感知移动工具、仿制图章工具等。

3.4.1　污点修复画笔工具、修复画笔工具和修补工具

污点修复画笔工具 用于快速修复照片中的污点与瑕疵,它会自动进行像素取样,并以画笔周围的颜色、纹理、明度信息自动修复图像中的污点,因此操作时只需在有杂色或污渍的地方单击一下即可。

修复画笔工具 可在复制取样点像素的同时将样本像素的纹理、光照、不透明度和阴影与源像素进行匹配,使修复后的像素不留痕迹地融入图像的其余部分。在操作时必须按住Alt键取样后松开鼠标,在图像要修复的位置拖曳复制取样点的图像。

修补工具 可以用图像中的其他区域来修补当前选中的需要修补的区域。其工具选项栏的修补选项下的"源"为默认的修补方式,即拖移选取的内容到新位置,用新位置的像素去替换选区中的图像;"目标"修补方式则会用选区中的像素去替换新位置的图像。下面通过修复一张照片的实例来介绍这3个工具的使用方法。

(1) 打开"第3章\图3-47.jpg"素材文件,备份背景层。

(2) 在工具箱中选择污点修复画笔工具 并放大画面的显示比例。

(3) 按[键和]键调整笔尖到合适的大小,在人像额头有瑕疵的地方单击。

(4) 选择修复画笔工具 ,在皮肤较好的位置按住Alt键单击取样。

(5) 松开Alt键后,在皮肤不光滑的地方拖动鼠标涂抹以修复图像。

(6) 选择修补工具 ,在工具选项栏中设置"源"选项。

（7）在眼袋及有皱纹的位置按住鼠标左键拖曳创建一个选区范围。

（8）将鼠标指针移动到选区内，按住鼠标左键拖动选区向下至光滑无瑕的皮肤处。

（9）选择"编辑"|"渐隐"命令，在弹出的"渐隐"对话框中向左拉动滑块，回撤部分修补效果，使图像修复更加自然，最终修复效果如图 3-47 所示。

图 3-47　使用修复画笔工具去痘与消除眼袋

3.4.2　仿制图章工具

仿制图章工具 ▲用于对图像内容进行复制，既可以在同一幅图像内部进行复制，也可以在不同图像之间进行复制。

仿制图章工具选项栏中的两个选项的设置如图 3-48 所示。

◇ 对齐：选中此复选框，在复制时不论执行多少次操作，都能保持复制图像的连续性，否则每次复制时都会以按下 Alt 键取样时的位置为起点复制。

◇ 样本：选择当前图层取样，还是当前及下方图层或所有图层取样。

打开"第 3 章\图 3-49.jpg"素材文件，选择仿制图章工具 ▲，在按住 Alt 键的同时在鱼图像上单击定义复制参考点。然后松开 Alt 键，新建图层 1，按住鼠标左键拖动，鼠标指针扫过的区域会出现取样点处的图像。按 Ctrl＋T 组合键调整变换图层 1 中的图像大小和位置，所得效果如图 3-49 所示。

图 3-48　仿制图章工具选项栏

图 3-49　仿制图章工具的应用

3.4.3　橡皮擦工具

Photoshop 中的橡皮擦工具一般用于擦除原有的图像。所谓的擦除，其实质是一种特殊的描绘。Photoshop 中有 3 种橡皮擦工具，如图 3-50 所示。

1. 普通橡皮擦工具

打开"第 3 章\图 3-51.jpg"素材图像，在背景层使用橡皮擦工具 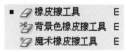 在图像上来回拖曳，使用背景色来描绘被擦除的区域；在普通层使用橡皮擦工具 ✏ 则是用透明色来填充被擦除的区域，如图 3-51 所示。

图 3-50　3 种橡皮擦工具

2. 背景色橡皮擦工具

当想要去掉背景色将小鸭抠出时，可以选择背景色橡皮擦工具 ✏，用透明色来填充涂抹的区域，即把图像从背景图中提取出来，如图 3-52 所示。

图 3-51　使用橡皮擦工具

图 3-52　使用背景色橡皮擦工具

3. 魔术橡皮擦工具

魔术橡皮擦工具 ✏ 可以自动擦除颜色相近的区域，选中魔术橡皮擦工具后在图像上单击，图像中所有与单击处相近的颜色会全部消失，透明色取代了被擦除的图像颜色。

在魔术橡皮擦工具选项栏中选中"连续"复选框仅删除连续范围的相近颜色，反之会将图像中所有容差值范围内的颜色擦除而填充透明色。

4. 橡皮擦工具应用实例

打开"第 3 章\图 3-56.jpg"素材图像，使用橡皮擦工具将画面中的猫抠取出来并更换背景。

（1）选择魔术橡皮擦工具，在工具选项栏上进行属性值的设置，如图 3-53 所示。

（2）在背景中单击，图像中鼠标单击点的颜色会立即清除，背景层自动解锁。

（3）新建图层填充渐变色，渐变编辑条如图 3-54 所示。

图 3-53　设置魔术橡皮擦工具属性值

图 3-54　编辑渐变条

（4）在"图层"面板中将图层 0 拖到图层 1 上方，选择背景色橡皮擦工具 。

（5）单击前景色打开拾色器，然后用吸管在猫的胡须上单击取色。

（6）在工具选项栏中选中"保护前景色"复选框，如图 3-55 所示。

图 3-55　设置背景色橡皮擦工具属性

（7）放大图像的显示比例，在靠近猫毛发的位置单击后按住鼠标涂抹，将单击处取样的相近颜色用透明色填充。

（8）缩小图像的显示比例，用橡皮擦工具 将远离猫毛发位置的其他杂色擦除，完成抠取猫主体的工作，效果如图 3-56 所示。

图 3-56　橡皮擦工具抠图效果

3.5　图像润饰工具

图像润饰工具主要包括模糊工具 、锐化工具 、加深工具 、减淡工具 、海绵工具 ，使用这些工具可以对图像局部区域的明暗、饱和度、清晰度等进行调整。

3.5.1　模糊工具和锐化工具

模糊工具 可柔化图像边缘减少细节像素，使用模糊工具可以增加图像的层次感，制作出景深的效果，也可以在修复人像时消除或柔化脸部的瑕疵。

锐化工具 可增强图像中相邻像素间的对比，增大图像的反差度，从而使图像看起来更清晰。

打开"第 3 章\图 3-57.jpg"素材图像，通过模糊工具 和锐化工具 的操作，制作出如图 3-57 所示的数码相机大光圈景深图像特效。

（1）选择模糊工具 ，在选项栏中选择柔边画笔，并设置强度为 60%。

（2）在远离画面的主体对象上涂抹，让其产生模糊效果。

（3）切换到锐化工具 ，在画面前主体对象上涂抹，以增强该图像的清晰度。

3.5.2　减淡工具和加深工具

减淡工具 用于增强图像部分区域的颜色亮度，它和加深工具 是一组效果相反的

图 3-57 景深效果

工具。两者都属于色调调整工具，常用来调整图像的对比度、亮度。它们的工具选项栏中的选项也相同，如图 3-58 所示。

图 3-58 减淡工具选项栏

◇ 范围：指定图像中区域颜色的范围，有 3 个选项。
  ■ 阴影：修改图像的低色调区域。
  ■ 高光：修改图像的高亮区域。
  ■ 中间：调修改图像的中间色调区域。
◇ 曝光度：定义曝光的强度，值越大，图像的明暗程度变化越大。
◇ 保护色调：在操作过程中保护色相不发生改变。

打开"第 3 章\图 3-59.jpg"素材图像，原图的明暗反差较小，主体表现不明显。选择减淡工具 🔍，设置"范围"为中间调，在图像中需要调亮的部分涂抹，对图像的局部进行提亮处理，然后选择加深工具 👆 降低部分区域的亮度，最终效果如图 3-59 所示。

图 3-59 加深、减淡工具操作效果图

3.5.3 海绵工具

海绵工具 🟤 是色彩饱和度调整工具，可以降低或提高图像的色彩饱和度。使用海绵工具前要在工具选项栏中对"模式"进行设置，工具选项栏如图 3-60 所示。

图 3-60 海绵工具选项栏

通过"模式"下拉列表可以设置绘画模式,包括"加色"和"去色"两个选项。

◇ 加色:增加图像颜色的饱和度。

◇ 去色:降低图像颜色的饱和度,从而使图像中的灰度色调增加。

图 3-61 所示为使用海绵工具  对图像加色和去色操作后饱和度变化的效果图。

(a) 增加饱和度　　　　　　　(b) 降低饱和度

图 3-61　海绵工具的加色与去色操作

课后习题

1. 新建大小为 10×10 厘米、分辨率为 300 像素/厘米、背景为黑色的图像文件,通过设置动态画笔绘制线条,制作如图 3-62 所示的装饰图。

操作提示:

(1) 画笔笔尖:"大小"为 11 像素,"硬度"为 100%,"间距"为 300。

形状动态:"大小抖动"为 100。

(2) 绘制 45 度直线后复制该层,按 Ctrl+T 组合键打开调节框,并在"属性"面板中设置参考点为左下角。

(3) 对图形进行一定角度的旋转,如图 3-63 所示,然后按 Enter 键确认变换。

图 3-62　习题 1 效果图

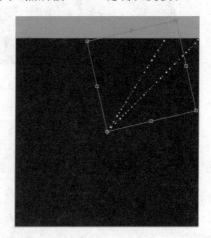

图 3-63　旋转变换

（4）按 Ctrl＋Shift＋Alt＋T 组合键进行重复变换操作，并填充渐变色。

2. 自定义画笔绘制卡通图，如图 3-64 所示。

打开"第 3 章\图 3-64.psd"素材文件，复制并移动摆放好企鹅的位置。然后选择自定形状工具 ，在选项栏中选择"像素"选项绘制雪花形状图，并将绘制好的形状自定义为画笔，设置画笔的动态形状后使用画笔工具完成效果图。

3. 学习使用橡皮擦工具将图 3-65 中的猫从背景中抠出。注意灵活运用 3 种不同类型的橡皮擦，背景中大片的绿叶与黑色背景可以使用魔术橡皮擦 涂抹，靠近毛发的位置使用背景橡皮擦 涂抹，其他部位的像素可用橡皮擦工具 去除。

图 3-64　习题 2

(a) 原图

(b) 擦去背景色

图 3-65　使用橡皮擦工具擦去背景

4. 设置渐变编辑器并绘制彩虹。

操作提示：

（1）打开"第 3 章\图 3-66.jpg"素材文件。

（2）单击"图层"面板底部的 按钮，新建一个图层，如图 3-66 所示。

（3）在工具箱中选择渐变工具 ，单击选项栏中的 按钮，弹出"渐变编辑器"对话框，选择"透明彩虹渐变"，如图 3-67 所示。

图 3-66　新建图层

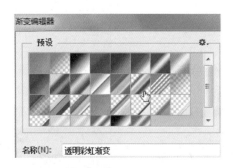

图 3-67　选择预设的渐变颜色

（4）如图 3-68 所示移动颜色的"色标"滑块与"不透明度色标"滑块。

（5）在渐变工具选项栏中单击"径向渐变"按钮 ，选择渐变样式，如图 3-69 所示。

图 3-68　移动滑块　　　　　　　　　　　　图 3-69　单击"径向渐变"按钮

（6）在新建的图层 1 上由下向上拖动鼠标绘制渐变形状。

（7）选择橡皮擦工具，设置"不透明度"为 20％，使用柔边圆笔尖在绘制好的渐变形状上涂刷，有云层的地方多擦除一些，得最终的彩虹效果，如图 3-70 所示。

图 3-70　使用渐变制作彩虹效果

5. 图像修饰与修复操作练习，对所给素材中的两个人物做去除处理，效果如图 3-71 所示。

图 3-71　修复图像操作

6. 加载"第 3 章\花纹.abr"画笔，使用画笔工具 、渐变工具 绘制装饰图案，效果如图 3-72 所示。

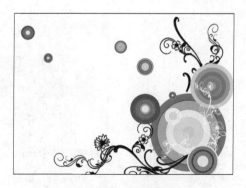

图 3-72　装饰图案

第 4 章

图像的选取操作

在 Photoshop 中处理图像的局部效果必须为图像指定一个有效的编辑区域，这个区域称为选区。选区在图像编辑过程中扮演着非常重要的角色，它限制着图像编辑的范围和区域，而选取范围的优劣、精确程度都与图像编辑的成败有着密切的关系。

在 Photoshop 中，选取图像的方法多种多样、非常灵活，用户可根据对象的形状、颜色等特征来决定使用的工具和方法。例如使用工具箱中的选择工具、使用快速蒙版模式和使用 Alpha 通道、路径的转换等都可以创建图像的选取范围。下面首先介绍选择工具的使用。

4.1 使用工具创建选区

Photoshop 提供了很多图像选取工具，例如选框工具、套索工具、魔棒工具，这 3 种工具作为常用工具存在于工具箱中，如图 4-1 所示。

4.1.1 创建规则形状的选区

1. 矩形、椭圆选框工具

使用选框工具是最简单的建立规则选区的方法。Photoshop 提供了 4 种选框工具，分别是矩形选框工具、椭圆选框工具、单行选框工具和单列选框工具。它们在工具箱的同一个按钮组中，平时只有被选择的一个为显示状态，其他的为隐藏状态，用户可以通过右击显示该工具组（如图 4-2 所示），再根据需要选择指定的几何形状。

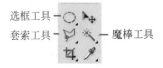

图 4-1 常用的选取工具

图 4-2 选框工具

矩形选框工具和椭圆选框工具用于矩形和圆形选区的建立。选择工具箱中的矩形选框工具 或椭圆选框工具 后，在绘图区中拖动鼠标，就能绘制出矩形选区或椭圆选区，建立的选区以闪动的虚线框表示选区的范围。当选框工具 位于选区内，鼠标指针转换为带有虚线框的白色箭头 形状时，便可按住鼠标移动该选区。

在建立选区的过程中,还可以结合一些辅助键来达到某些特殊效果:

(1) 按住 Shift 键拖动鼠标可以建立正方形或正圆形选区。

(2) 按住 Alt 键拖动鼠标可以起点为中心绘制矩形或椭圆选区。

(3) 按 Alt+Shift 组合键拖动可以起点为中心绘制正方形或正圆形选区。

在使用选框工具时,单击图像窗口可取消所选取的范围,当使用其他工具时可按 Ctrl+D 组合键取消选区。

2. 创建选区的模式及快捷键

在很多情况下无法一次性得到需要的选区,此时需要在原有选区的基础上进行一些增加或删减,这样的操作需要利用选区的工作模式。

创建选区的模式是指工具选项栏左侧的 按钮,图 4-3 所示为不同工具的选项栏。

图 4-3　不同选择工具的选项栏

◇ 新选区 模式:可建立一个新的选区,并且在建立新选区时取消原选区。

◇ 添加到选区 模式:新创建的选区与已有的选区相加,即使是彼此独立存在的选区。

◇ 从选区减去 模式:从已存在的选区中减去当前绘制的选区。

◇ 与选区交叉 模式:将获得已存在的选区与当前绘制的选区相交(重合)的部分。

在选取操作中,若单击创建选区模式按钮进行切换,则要再单击"新选区"按钮,因此在实际操作中使用快捷键更加简便。

快捷键操作:

◇ 选区相加:按住 Shift 键绘制,可在原有选区中添加新绘制的选区。

◇ 选区相减:按住 Alt 键绘制,可从原有选区中减去新绘制的选区。

◇ 选区交叉:按住 Shift+Alt 组合键绘制,可保留原有选区与当前新绘制选区的相交部分。

实例介绍:

通过绘制孙猴子动漫头像学习运用选区的加减模式。

(1) 选择椭圆选框工具 创建一个圆形选区。

(2) 按住 Shift 键光标变成 形状,拖动鼠标添加两个椭圆选区。

(3) 按住 Alt 键光标变成 形状,拖动鼠标减去 3 个椭圆选区。

(4) 设置好前景色后按 Alt+Delete 组合键填充选区。

(5) 按上面的方法完成眉毛、眼睛与嘴巴选区,并填充颜色。

(6) 选择画笔工具绘制眼睛,设置笔尖为硬边圆,画笔的"形状动态"参数如图 4-4 所示。

(7) 绘制过程如图 4-5 所示。

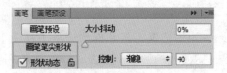

图 4-4　画笔的"形状动态"参数

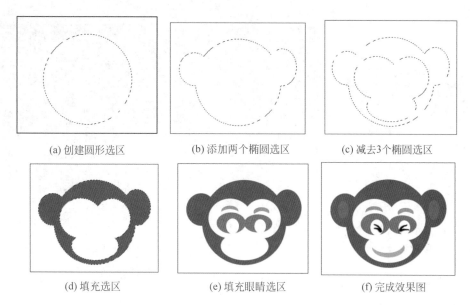

(a) 创建圆形选区　　　　(b) 添加两个椭圆选区　　　　(c) 减去3个椭圆选区

(d) 填充选区　　　　(e) 填充眼睛选区　　　　(f) 完成效果图

图 4-5　运用选区的加减运算绘制动漫头像的过程

3. 矩形选框工具应用实例

学习运用创建选区的不同模式来绘制立体物体。

（1）新建图像文件，选择渐变工具，单击渐变框的下拉按钮，设置渐变色为从浅蓝到白色，在背景层中做线性渐变填充。

（2）单击"图层"面板下方的"创建新图层"按钮新建图层 1，然后选择矩形选框工具，在矩形选框工具选项栏中单击"新选区"模式按钮，按下鼠标左键拖出一个矩形选区。

（3）选择椭圆选框工具，在椭圆选框工具选项栏中单击"添加到选区"模式按钮，在原矩形选区的上方画一个椭圆选区（也可按住 Shift 键拖动鼠标）。

（4）仍然使用"添加到选区"模式，在矩形选区的下方添加一个椭圆选区，如图 4-6 所示。

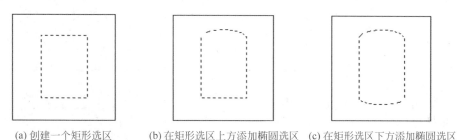

(a) 创建一个矩形选区　　(b) 在矩形选区上方添加椭圆选区　(c) 在矩形选区下方添加椭圆选区

图 4-6　创建并添加选区

（5）在拾色器中设置灰-白的前景色和背景色，然后选择渐变工具，在选项栏中单击的下拉按钮，设置渐变色，用灰—白—灰渐变色填充选区，如图 4-7 所示。

（6）按 Ctrl＋D 组合键撤销选区，然后新建一个图层 2。用"新选区"模式建立椭圆选区，再按 Alt ＋ Delete 组合键用灰色前景色对该选区进行纯色填充得到圆柱体，如图 4-8

所示。

图 4-7　在选区内进行渐变填充　　　　图 4-8　用纯色填充椭圆选区

　　(7) 如果要绘制圆管体,可选择椭圆选框工具 ,按住 Alt 键以"从选区减去"模式在原椭圆选区中拖出一个较小的椭圆选区,如图 4-9 所示。

　　(8) 选择"选择"|"反选"命令(或按 Ctrl+Shift+I 组合键),再按 Delete 键,将小椭圆选区中的填充色删去,如图 4-10 所示。

　　(9) 选择"选择"|"取消选择"命令,或按 Ctrl+D 组合键取消选区,得到如图 4-11 所示的管状体。

图 4-9　从选区中减去小椭圆　　图 4-10　删去小椭圆选区填充色　　图 4-11　管状体效果图

　　(10) 圆锥体的制作:单击"图层"面板下方的"创建新图层"按钮 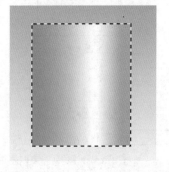,在新建的图层中用矩形选框工具 拖出一个矩形选区,并填充渐变色,如图 4-12 所示,然后按Ctrl+D 组合键取消选区。

　　(11) 按 Ctrl+T 组合键对图像变形,然后右击,对图像进行透视变换(如图 4-13 所示)。

　　(12) 选择椭圆选框工具 ,在图像的下方画一个椭圆选区,如图 4-14 所示。选择矩形选框工具 ,按住Shift 键,以"添加到选区"模式 绘制一个矩形选区,如

图 4-12　对矩形选区填充渐变色

图 4-15 所示。

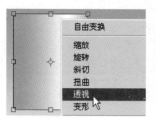 

图 4-13 对图像进行透视变换   **图 4-14 在图像的下方画一个椭圆选区**

（13）按 Ctrl＋Shift＋I 组合键对图 4-15 中的选区进行反选操作，再按 Delete 键将选区内的图像删除，取消选区后得一个圆锥体，如图 4-16 所示。

（14）复制圆锥体图层，单击"图层"面板上的"锁定透明像素"按钮 ▦ 填充灰色。然后按 Ctrl＋T 组合键进行图像变换，再选择"高斯模糊"命令制作投影效果，如图 4-17 所示。

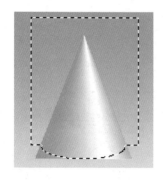  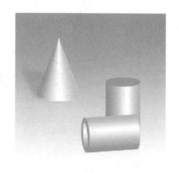

图 4-15 添加矩形选区   **图 4-16 圆锥体**   **图 4-17 最终效果图**

4.1.2 创建不规则形状的选区

制作不规则形选区可以使用套索工具，它的工作模式类似于用铅笔描绘。系统提供了3 种类型的套索工具，即套索工具🔲、多边形套索工具🔲和磁性套索工具🔲，用这 3 个套索工具可以非常方便地制作不规则形状的选区范围，下面分别介绍这 3 种工具的使用方法。

1. 套索工具

套索工具🔲可以徒手自由地绘制出不规则形状的选区。

（1）选择套索工具🔲，然后在图像窗口单击确定其起点。

（2）按住鼠标左键不放，绕着需要选择的图像拖动鼠标。

（3）当鼠标指针回到选取的起点位置时，释放鼠标左键，此时就会形成一个闭合的不规则范围的选区。

（4）使用套索工具🔲创建选区非常随意，但选区范围不够精确，如图 4-18 所示。

（5）若鼠标指针在移动过程中尚未与起点重合就松开鼠标，选区会自动闭合。

2. 多边形套索工具

多边形套索工具🔲通过连续单击鼠标指定点的方式建立转角强烈的选区，经常用来创

图 4-18　使用套索工具建立选区

建不规则形状的多边形选区,例如三角形、四边形、梯形和五角星等。

实例介绍:

(1) 打开"第 4 章\图 4-19.jpg"文件,在工具箱中选择多边形套索工具 。

(2) 在图像中单击作为起点,沿着要选择区域的边缘移动鼠标指针至下一位置单击。

(3) 当回到起始点时,光标会变成带小圆圈的标记 ,单击鼠标左键闭合选区,即可完成选取操作,反选后填充白色可得到如图 4-19 所示的选取结果。

(a) 确定选区起点　　　　　　　(b) 闭合选区　　　　　　　(c) 选取完成

图 4-19　使用多边形套索工具选取不规则多边形选区

(4) 在选取过程中,按 Delete 键可删除最近选取的线段。

(5) 在使用套索工具 绘制选区的过程中按住 Alt 键,松开鼠标左键后可自动切换到多边形套索工具 ,创建多边形选区。

(6) 如果选取线段的终点还没有回到起点,双击后会自动连接终点和起点,成为一个封闭的选取范围。

3. 磁性套索工具

磁性套索工具 是一个智能选择工具,它自动根据颜色的反差来确定选区的边缘创建选区,适用于快速选择图像颜色与背景颜色对比强烈且轮廓比较明显的对象。

选择磁性套索工具 ,选项栏如图 4-20 所示,在其中可设置羽化、颜色识别的精度和节点添加的频率等参数。

图 4-20　磁性套索工具选项栏

◇ 宽度：设置捕捉图像边缘的宽度。数值范围为 0～256，数值越小，捕捉的选区路径越精细。

◇ 对比度：设置磁性套索对图像边缘颜色反差的敏感度，范围为 1%～100%，数值越大，磁性套索对颜色对比反差的敏感程度越低。

◇ 频率：设置自动插入的节点数，数值越大，生成的节点数越多，所选路径越精细，如图 4-21 所示。

(a) "频率"值为40时的选取结果　　　　(b) "频率"值为100时的选取结果

图 4-21　使用磁性套索工具选取

实例介绍：

(1) 打开"第 4 章\图 4-22.jpg"素材图像，选择磁性套索工具 ⌨️。

(2) 移动光标到荷花边缘单击，确定选取的起点，然后释放鼠标左键。

(3) 沿着边缘移动光标，套索工具会自动根据颜色反差在图像边缘生成节点。

(4) 出现误操作时，按 Delete 键删除不需要的节点。

(5) 当鼠标指针右下角出现小圆圈时，单击即可完成选取。

(6) 打开另一图像素材"第 4 章\图 4-22a.jpg"，使用移动工具 ➡️ 将选取的图像拖入，放置到左下角，得到如图 4-22 所示的效果。

图 4-22　使用磁性套索工具选取荷花素材

4.1.3　根据颜色创建选区

1. 魔棒工具

使用魔棒工具 🪄 可以方便地选择相邻的具有相似颜色的区域，而不必跟踪其轮廓，只要在图像上单击一下，与单击处颜色相近的区域都会包含在选区内。

在使用魔棒工具选取时，还可以通过如图 4-23 所示的工具选项栏设定颜色值的近似范围。

图4-23　魔棒工具选项栏

◇ 取样大小：用于设置魔棒工具的取样范围，对光标单击位置的像素进行取样。

◇ 容差：设置颜色的选取范围，其值可以为0～255。较小的容差值使魔棒工具可以选取与单击处像素非常相近的颜色，选取的色彩范围较小，而较大的容差值可以选取较宽的色彩范围。

◇ 连续：选中该复选框，表示只能选中单击处相邻区域中的相同像素；如果取消了该复选框，则能选中所有颜色相近、但位置不一定相邻的区域。

◇ 对所有图层取样：如果文档中包含多个图层，选中该复选框后能选择所有可见图层上颜色相近的区域。

实例介绍：

（1）打开"第4章\图4-24.jpg"素材图像，选择魔棒工具 。

（2）在工具选项栏中设置容差值为18，并选中"连续"复选框，避免将蛋糕内的浅色选中。

（3）在背景的任意位置单击，选中白色背景，然后按Ctrl＋Shift＋I组合键反向选取蛋糕。

（4）按Ctrl＋O组合键打开另一个素材图像文件"第4章\图4-24a.jpg"。

（5）用移动工具 将选取的对象拖入新文档中，最终效果如图4-24所示。

图4-24　魔棒工具的使用

2. 快速选择工具

使用快速选择工具 可以通过单击或拖动的方式创建选区，其原理类似于魔棒工具，都是依据图像颜色来创建选区。两者的差异在于，魔棒工具在图像的不同位置单击创建选区；而快速选择工具类似于画笔的工作方式，利用可调整的圆形笔尖大小在图像中涂抹绘制选区，并自动寻找图像边缘，同时它支持采用不断单击的方式创建选区。此工具的选项栏如图4-25所示。

图4-25　快速选择工具选项栏

◇ 选区运算模式：限于该工具创建选区的特殊性只设定了 3 种运算模式,即新选区 、添加到新选区 和从选区中减去 。

◇ 画笔选择器：单击右侧的三角按钮 ,弹出画笔参数设置框。画笔的"直径"越大,覆盖的图像范围越大,生成选区时其颜色容差值也就越大。

◇ 对所有图层取样：选中此复选框,无论当前选中哪个图层都可以创建选区。

◇ 自动增强：对所选区域边缘的细节(如对比度、羽化、平滑等)进行处理。

实例介绍：

(1) 打开"第 4 章\图 4-26.jpg"素材图像,选择快速选择工具 ,将飞溅的牛奶的前面一块绘制出选区,如图 4-26 所示。

图 4-26　使用快速选择工具创建选区

(2) 按 Ctrl＋J 组合键将选中的部分复制到新层,系统自动命名为"图层 1"。

(3) 打开"第 4 章\图 4-26a.jpg"素材图像,用快速选择工具 选取樱桃,并配合[和]键调整笔尖大小绘制选区(选取柄杆时将图像的显示比例放大)。

(4) 用移动工具 将选取的樱桃拖入,系统命名为"图层 2"。

(5) 复制一个樱桃得到"图层 3",调整各图层的上下关系,最终效果如图 4-27 所示。

图 4-27　图像合成后的"图层"面板与效果

3. "色彩范围"命令

"色彩范围"命令是另一种根据颜色建立选区的方法。相对于魔棒工具来说,该命令提供了更多的控制选项,因此选择精度更高一些。使用此方法建立选区可一边预览一边调整,更加灵活地完善选取范围。

打开"第 4 章\图 4-28.jpg"文件,选择"选择"|"色彩范围"命令,弹出"色彩范围"对话框。

◇ 选择：用来设置选区的创建方式。

■ 取样颜色：将光标放置到要选取的颜色上单击进行取样，如图 4-28 所示。

图 4-28　选择"取样颜色"

■ 选择颜色：红、黄、绿、青色，可选择图像中特定的颜色，如图 4-29 所示。

图 4-29　选择"黄色"

■ 选择肤色：可选择与皮肤相近的颜色，如图 4-30 所示。

■ 选择高光、中间调、阴影：可选择图像中特定的色调，如图 4-31 所示。

◇ 检测人脸：当设置"选择"为"肤色"时，选中该复选框可更精确地选择肤色。

◇ 颜色容差：用来控制颜色的选择范围。

◇ 选区预览图：包含"选择范围"和"图像"两个单选按钮。

■ 选择范围：预览区中的白色代表被选中的区域，黑色为未选中的区域。

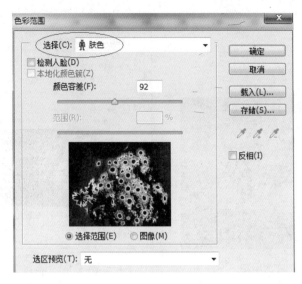

图 4-30 选择"肤色"

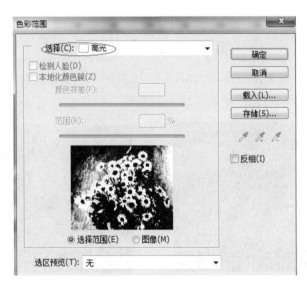

图 4-31 选择"高光"

- 图像：预览区显示彩色图像。

◇ 取样颜色的添加与减去：如果要添加取样颜色，可单击"添加到取样"按钮，然后在预览图中单击便可增加取样颜色。如果要减去选择的某颜色，则使用"减去"按钮。

实例介绍：

（1）打开"第 4 章\图 4-32.jpg"文件，如图 4-32 所示。这里希望将图中的窗外选取出来，观察到窗外的颜色与整个画面的颜色有明显的反差。

（2）选择"选择"|"色彩范围"命令，弹出"色彩范围"对话框，用吸管工具在淡蓝色的窗户处单击取样，再用工具在下面白色的窗口中单击增加取样颜色，如图 4-33 所示。

图 4-32　打开素材图

图 4-33　"色彩范围"对话框

（3）移动颜色容差滑杆以增大颜色的选取范围，单击 确定 按钮，即可得到如图 4-34 所示的选区。

（4）打开"第 4 章\图 4-35.jpg"文件，按 Ctrl＋A 组合键全选，再按 Ctrl＋C 组合键复制。

（5）回到步骤（3）的操作窗口，按 Ctrl＋Alt＋Shift＋V 组合键将图像粘贴到选区内，然后调整图像到合适的位置，最终效果如图 4-35 所示。

图 4-34　获得窗外部分的选区

图 4-35　将图像粘贴到选区

4."选取相似"命令

"选取相似"是指在现有的选区上将所有符合容差范围的像素（不一定是相邻区域）添加到选区中。选择"选择"|"选取相似"命令，即可执行选取相似的操作。

（1）打开"第 4 章\图 4-36.jpg"文件，在工具箱中选择魔棒工具 ，并在工具选项栏中设置容差值为 50，在花瓣上单击得到一小片的选区范围。

（2）选择"选择"|"选取相似"命令，可以看到整个图像中与原选区像素颜色相近的区域都被添加到选区中了。

（3）按住 Shift 键单击格桑花的洋红色，再多次执行"选择"|"选取相似"命令。

（4）切换到套索工具 ，按住 Shift 键将黄色的花蕊套选。

（5）按 Ctrl＋Shift＋I 组合键反向选取，填充黑色背景，效果如图 4-36 所示。

(a) 使用魔棒工具选取的范围　　　　(b) 选取相似后反选填充黑色

图 4-36　选取相似操作效果

4.2　选区的编辑

选区和图像一样也可以移动、旋转、缩放。选区的编辑包括调整选区的边缘、创建边界选区、扩展和收缩选区、羽化选区等，本节较为详细地介绍调整选区常用的方法与技巧。

4.2.1　选区的基本操作

1. 选择所有像素

选择所有像素指将画布中所有的图像内容都选中，这也是 Photoshop 中创建选区的较为简单的一种方式。

如果要选择图像中的所有内容，可以按 Ctrl＋A 组合键或选择"选择"|"全部"命令。

2. 反向选择

选择"选择"|"反向"命令或按 Ctrl＋Shift＋I 组合键可以选择选区以外的区域。

3. 取消选择

创建选区后，选择"选择"|"取消选择"命令或按 Ctrl＋D 组合键可取消选区。

4. 载入选区

选择"选择"|"载入选区"命令或在按住 Ctrl 键的同时单击当前图层的缩略图，可以将普通层中的非透明区域作为新选区。

4.2.2　移动选区

移动选区有两种情况，一是不影响选区中的内容，仅移动选区；二是移动选区中有图像的内容。

1. 仅移动选区

（1）选择选框工具组、套索工具组和魔棒工具中的任意一个工具。

（2）将鼠标指针移到选取范围内，此时鼠标指针变为 ▷◦°形状。

（3）按下鼠标左键并拖动即可移动选区，如图 4-37 所示。

有时，很难将鼠标指针准确地移动到相应的位置，所以在移动时还需要用键盘上的上、下、左、右 4 个方向键来辅助移动，每按动一下方向键可移动一个像素点的距离。

2. 移动选区中的图像

（1）选择移动工具 ▸┿ 。

（2）将鼠标指针移到选区作用范围内，此时鼠标指针会变成 ▸ 形状。

（3）按下鼠标左键并拖动，此时移动选区会将选区中的图像一起移动，即产生剪切效果，如图 4-38 所示。

图 4-37　移动选取范围　　　　图 4-38　用移动工具移动选区产生剪切效果

实例介绍：

使用移动工具 ▸┿ 移动选区内的图像，构成图案。

（1）新建大小为 200×200 像素、背景为白色的文档。

（2）按 Ctrl＋R 组合键打开标尺，拉出两条辅助线。

（3）选择自定形状工具 ✿ ，在工具选项栏中打开形状拾色器，选择"花 7"形状。

（4）设置工具模式为"像素"，新建图层 1，在文档中绘制形状。

（5）复制图层 1，使用选框工具 ⬚ 选中左上部的形状，按住 Ctrl 键拖至右下角。

（6）使用选框工具 ⬚ 选中右上部的形状，按住 Ctrl 键拖至左下角。

（7）继续上两步的操作完成下半部图像的移动，操作过程如图 4-39 所示。

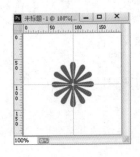 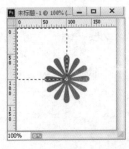  

图 4-39　使用移动工具移动选区内容

（8）选择"编辑"|"定义图案"命令，将所绘制的形状定义为图案。

（9）新建文档，按 Shift＋F5 组合键填充上面定义的图案，如图 4-40 所示。

图 4-40 填充图案

4.2.3 修改选区

选择修改命令,用户可以对选区进行"边界"、"平滑"、"扩展"和"收缩"操作,修改命令如图 4-41 所示。

图 4-41 修改命令

◇ 边界:将选区的边界向内收缩得到内边界,向外扩展指定的像素得到外边界,从而建立内边界和外边界之间的扩边选区。

使用魔棒工具选取花朵区域范围,然后选择"选择"|"修改"|"边界"命令,弹出"边界选区"对话框,在该对话框中输入需要扩展和收缩的像素值,单击 确定 按钮,即可建立扩边选区,如图 4-42 所示。

(a)"边界选区"对话框　　　　　(b)边界选区效果

图 4-42 边界选区

◇ 平滑:使用此命令可以使选区边缘变得连续和平滑。

选择"平滑"命令,在弹出的"平滑选区"对话框中设置选区的平滑度,可以将选区边缘的锯齿状变得平滑、完整。

◇ 扩展和收缩:使用该命令可以将选取范围均匀放大或缩小 1～100 像素。

其操作方法如下:

(1) 打开"第 4 章\图 4-43.jpg"文件,使用魔棒工具在背景色区域单击,将背景色部分全部选取。

(2) 选择"选择"|"反选"命令或按 Ctrl＋Shift＋I 组合键,将图像中的西红柿选中。

（3）选择"选择"|"修改"|"扩展"（"收缩"）命令,在弹出的"扩展选区"（"收缩选区"）对话框中输入数值（如图 4-43 所示）,单击 ▣ 确定 ▣ 按钮。

图 4-43　"扩展选区"和"收缩选区"对话框

（4）扩展（收缩）选取范围的操作完成,图 4-44 所示为扩展和收缩选取范围的示例。

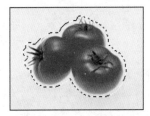

　(a) 原选取范围　　　　　(b) 扩展量=5时的选取范围　　　(c) 收缩量=5时的选取范围

图 4-44　扩展和收缩选取范围

4.2.4　变换选区

使用"变换选区"命令可以对选区进行移动、旋转、缩放和斜切操作,既可以直接用鼠标进行操作,也可以通过在其选项栏中输入数值进行控制（如图 4-45 所示）。

图 4-45　变换选区选项栏

选择"选择"|"变换选区"命令,即可进入选取范围自由变换状态,此时系统将显示一个变形框,如图 4-46 所示。用户可以任意改变选取范围的大小、位置和角度。

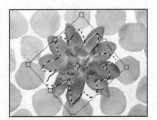

　　(a) 选区变形框　　　　　　(b) 自由变换选区大小　　　　　(c) 自由旋转选区角度

图 4-46　自由变换操作

（1）移动选区:将鼠标指针移到选取范围内,待鼠标指针变为 ▶ 形状后拖动即可移动选区。

（2）变换选区大小:将鼠标指针移到选区的控制柄上,待鼠标指针变为 ↖ 形状后拖动即可任意改变选取范围的大小。

（3）自由旋转选区:将鼠标指针移动到选区外的任意位置,待鼠标指针变为 ↰ 形状时,可向顺时针或逆时针方向拖动,改变选区的角度。形状 ✛ 为旋转支点,如果要移动该点,将鼠标指针移至该点附近且在鼠标指针呈 ▸◦ 形状后拖动即可。变形结束后,在控制框中双击或按 Enter 键均可确认变形操作。

实例介绍:

通过创建与变换选区操作绘制太极图。

(1) 新建图像文件,按 Ctrl+R 组合键调出标尺,并拉出横、竖两根辅助线。

(2) 设置前景色为♯944327 ■填充背景层,然后单击"创建新图层"□按钮新建一层。

(3) 选择椭圆选框工具 ◯,按住 Alt+Shift 组合键,当鼠标指针在两根辅助线的交点上时单击,按住鼠标左键拖出一个正圆选区,如图 4-47 所示。

(4) 按 Ctrl+Delete 组合键,在选区内用白色背景色填充,如图 4-48 所示。

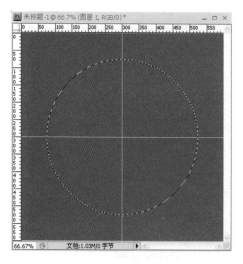

图 4-47　创建选区

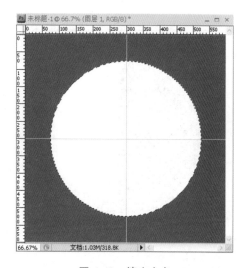

图 4-48　填充白色

(5) 选择矩形选框工具 ▭,按住 Alt 键减去半圆选区。然后按 D 键设置 Photoshop 默认的黑白前景色和背景色,再按 Alt+Delete 组合键填充前景色(黑色),如图 4-49 所示。

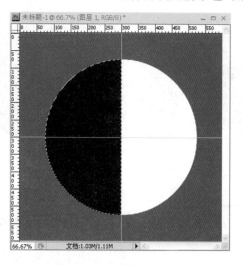

图 4-49　减去选区后填充

（6）按住 Ctrl 键单击图层 1 的缩览图，将圆形选区重新载入。

（7）选择"选择"|"变换选区"命令或将鼠标指针移至选区内右击，在弹出的快捷菜单中选择"变换选区"命令。

（8）调出自由变换控制框后可自由缩放选区的大小，但为了更精确地调整选区的大小，可在选项栏的 W 与 H 文本框中进行设置，将选区缩小 50%，如图 4-50 所示。

图 4-50　自由变换选项设置

（9）将缩小的选区移至水平辅助线的上方，按 Enter 键确认变换，如图 4-51 所示。

（10）按 Alt＋Delete 组合键填充前景色（黑色），如图 4-52 所示。

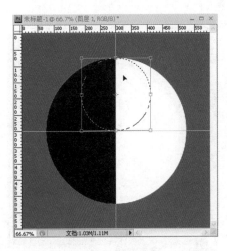

图 4-51　变换选区

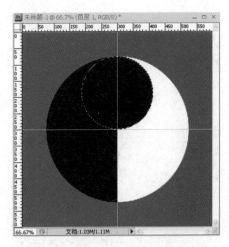

图 4-52　填充前景色

（11）将鼠标指针放至选区内，当鼠标指针变成 ▶ 形状时，将选区移至水平辅助线的下方，然后按 Ctrl＋Delete 组合键填充背景色（白色），如图 4-53 所示。

（12）重复步骤（7）、（8）继续将选区缩小 50%，按 Enter 键确认变换，如图 4-54 所示。

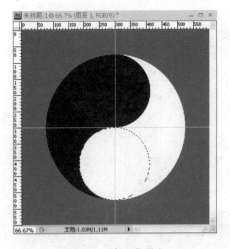

图 4-53　填充背景色

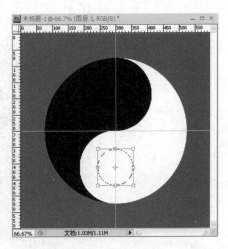

图 4-54　变换选区

（13）按 Alt＋Delete 组合键填充前景色（黑色），如图 4-55 所示。

（14）将选区移至上方后，按 Ctrl＋Delete 组合键填充背景色（白色），如图 4-56 所示。

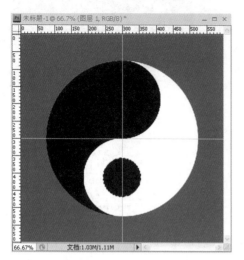

图 4-55　填充前景色

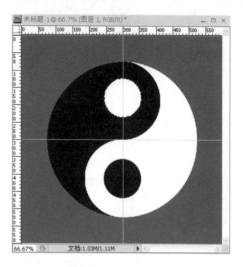

图 4-56　填充背景色

4.2.5　羽化选区

羽化即柔化选区边界，使选区的边缘产生渐变晕开、柔和的过渡效果。羽化功能是用户处理图像经常使用的功能之一，可以避免图像之间的衔接过于生硬。

在工具箱中选择某种选区工具后，首先要在该工具选项栏的"羽化"文本框中设定羽化半径，这样即可为将要创建的选区设置有效的羽化效果，否则羽化功能不能实现。

对于已经建立的选区，如果要为其添加羽化效果，则要选择"选择"|"修改"|"羽化"命令，或按 Shift＋F6 组合键，弹出如图 4-57 所示的对话框，在该对话框中输入需要羽化的半径，单击 ▢ 确定 ▢ 按钮即可为当前选区设置羽化效果。

观察不同羽化半径选区的图像效果。

（1）打开"第 4 章\图 4-58.jpg"文件，如图 4-58 所示。

图 4-57　"羽化选区"对话框　　　　　　　图 4-58　原图

（2）选择椭圆选框工具 ◯，在工具选项栏中设置羽化半径为 0 像素，在图中建立一个椭圆选区，然后选择"选择"|"反选"命令，按 Delete 键，会得到一个边缘清晰的图像，这是一个没有羽化效果的图像，如图 4-59（a）所示。

(a) 羽化半径为0

(b) 羽化半径为30

图 4-59 不同羽化半径的效果

（3）若创建选区前将羽化半径设置为 30 像素，则可得到如图 4-59(b)所示的羽化效果。

实例介绍：

通过对选区羽化制作泡泡效果。

（1）打开"第 4 章\图 4-60.jpg"文件，在"图层"面板中单击 □ 按钮新建"图层 1"，然后选择椭圆选框工具 ○，建立一个圆形选区。

（2）按 D 键设置系统默认的黑白前景色与背景色，按 Ctrl＋Delete 组合键填充白色背景色。

（3）按 Shift＋F6 组合键，设置选区的羽化值为"30"。

（4）按 Delete 键删除所选图像像素。操作过程如图 4-60 所示。

(a) 建立并填充圆形选区   (b) 设置羽化值   (c) 删除选区内的像素效果

图 4-60 建立选区、羽化选区、删除选区内的像素

（5）选择画笔工具 ，并在选项栏中设置画笔的不透明度和流量，如图 4-61 所示。

图 4-61 画笔工具选项栏设置

（6）打开"画笔"面板，进行画笔设置，如图 4-62 所示。

（7）设置完成后，在"图层"面板中单击 □ 按钮新建"图层 2"，然后使用画笔工具在图中绘制高光亮点，在绘制过程中要注意调整画笔笔尖的大小。绘制好的泡泡效果如图 4-63 所示。

（8）打开"第 4 章\图 4-64.jpg"文件，选择椭圆选框工具 ○，设置羽化值为"30"，建立椭圆选区，然后按 Ctrl＋C 组合键复制，再按 Ctrl＋V 组合键粘贴到泡泡文档中。

（9）按 Ctrl＋T 组合键调出控制框，调整图像的大小合适，如图 4-64 所示。

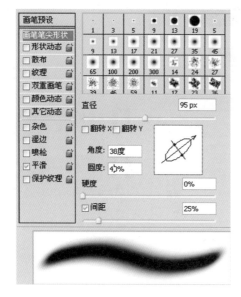

图 4-62 "画笔"面板

图 4-63 绘制高光亮点

(a) 打开素材原图

(b) 调整粘贴而来的图像的大小

图 4-64 复制素材图到泡泡中

（10）选中图层 1 与图层 2，按 Ctrl＋E 组合键将圆与高光点图层合并。然后选择移动工具 ，按住 Ctrl 键拖动鼠标，可复制一个泡泡，接着重复此操作，并对复制得到的泡泡进行调整大小、变形等操作，最终效果如图 4-65 所示。

4.2.6 调整边缘

在创建一个选区后，选择"选择"|"调整边缘"命令，在弹出的对话框中可以对选区的半径、平滑度、羽化、对比度边缘位置等属性进行调整，从而提高选区边缘的质量。"调整边缘"对话框如图 4-66 所示。

图 4-65 效果图

图 4-66　"调整边缘"对话框

1. 视图模式

在"视图模式"选项组中选择一个合适的视图模式,可以更加方便地查看选区的调整结果,此选项组中的各参数如下。

◇ 视图列表:在此列表中依据当前选取的图像生成了实时预览效果。

◇ 显示半径:选中此复选框,将显示半径范围内的图像。

◇ 显示原稿:选中此复选框,可以查看原始选区。

2. 边缘检测

使用"边缘检测"选项组中的选项可以轻松地抠出细密的毛发。

◇ 半径:设置检测边缘选区边界的范围,对于锐边可以使用较小的半径,对于柔和的边缘可以使用较大的半径。

◇ 智能半径:选中此复选框,将自动调整边界区域中的硬边缘和柔化的边缘半径。

◇ 调整半径工具 ![icon]:可扩展检测边缘。

◇ 抹除调整工具 ![icon]:可擦除部分多余的选择结果,即恢复原始边缘。

3. 输出

◇ 净化颜色:选中此复选框后,下面的"数量"滑块被激活,拖动调整数值去除图像边缘的杂色。

◇ 输出到:在此下拉列表中可选择输出结果为"选区"、"图层蒙版"、"新建图层"、"新建文档"等。

打开"第 4 章\图 4-66.jpg"素材文件,用快速选择工具  创建选区,然后选择"选择"|"调整边缘"命令,在弹出的"调整边缘"对话框中按图 4-66 设置参数,可将人物选出替换背景,效果如图 4-67 所示。

图 4-67　使用"调整边缘"抠取人物

需要说明的是,使用"调整边缘"命令创建选区相对于通道等精细创建选区的方法更快捷、更简单,因此不可能抠出更高品质的图像。

4.2.7　存储选区

对于创建好的精确选取范围往往要将它保存下来,以备重复使用。Photoshop 提供了 Alpha 通道来存放选区。当将文档保存为 PSD 格式时,通道可以随文档一起保存,这样下次打开图像时可以继续使用存放的选区。

在创建好选区后,选择"选择"|"存储选区"命令,在弹出的"存储选区"对话框中(如图 4-68 所示)设置保存选区的名称,完成各项设置后单击 确定 按钮,选区就被存储到通道中了,如图 4-69 所示。

图 4-68　"存储选区"对话框　　　　图 4-69　新存储的选区通道

选区保存好后,在需要时可以通过"选择"|"载入选区"命令调用,图 4-70 所示为"载入选区"对话框,也可以按住 Ctrl 键单击 Alpha1 通道缩览图载入选区。

图 4-70　"载入选区"对话框

4.3　使用 Alpha 通道创建选区

4.3.1　Alpha 通道

Alpha 通道用于创建、存放和编辑选区,当用户创建的选区范围被保存后就成为一个蒙版,保存在一个新建的通道中,在 Photoshop 中把这些新增的通道称为 Alpha 通道,所以 Alpha 通道是由用户建立的用于保存选区的通道。Alpha 通道可以使用各种绘图和修图工具进行编辑,也可以使用滤镜进行各种处理,从而制作出轮廓更为复杂的图形化的选区。

1. 新建通道

建立一个新通道,最简单、快捷的方法是单击"通道"面板下方的"创建新通道"按钮 ，。如果对新建的通道有其他设置要求,则单击"通道"面板右上角的菜单按钮 ，在弹出的菜单中选择"新建通道"命令,在弹出的"新建通道"对话框中进行设置,如图 4-71 所示。

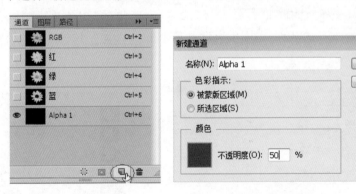

(a) 创建新通道　　　　　　　　　　(b) "新建通道"对话框

图 4-71　建立一个新通道

◇ 名称:定义通道的名称,系统默认的名称按 Alpha1、Alpha2、Alpha3 顺序命名。

◇ 色彩指示:如果选中"被蒙版区域"单选按钮,则在新建的通道缩略图中,白色区域表示被选取区域,黑色区域为被蒙版遮盖区域;如果选中"所选区域"单选按钮,则白色区域为蒙版遮盖区域,黑色区域为被选取区域。

◇ 颜色：在此栏中所设置的颜色为蒙版的颜色，双击颜色块，可弹出"拾色器"对话框重新设置蒙版颜色。其中，"不透明度"用于设置蒙版颜色的透明度，不透明度的百分比值不要设置的太高，这样不便于透过蒙版观察。

2．查看通道

单击"通道"面板左边的眼睛图标 👁，可以显示或隐藏通道。

3．选择通道

在"通道"面板上单击通道名称或缩略图，即可选择该通道。通道在被选中的情况下处于"显示"状态。

4．复制通道

选中要复制的通道，拖动它到"通道"面板底端的"创建新通道"按钮 ▣ 上，即可得到复制的通道。

另一种方法是单击"通道"面板右上角的菜单按钮 ▾☰ ，在弹出的菜单中选择"复制通道"命令，然后设置通道的名称和目标文档。

5．删除通道

在编辑图像的过程中，对于没有使用价值的通道，可以用鼠标将此通道拖到"通道"面板下方的"删除当前通道"按钮 🗑 上直接删除。

4.3.2 在通道中建立图形化的选区

（1）打开"第4章\图4-72.jpg"文件，如图4-72所示。

（2）打开"通道"面板，单击"创建新通道"按钮 ▣ 新建Alpha1通道。

（3）选择椭圆选框工具 ◯，在工具选项栏中设置羽化值为50。

（4）按住鼠标左键拖出一个椭圆选区，如图4-73所示。

图4-72 打开一幅图片

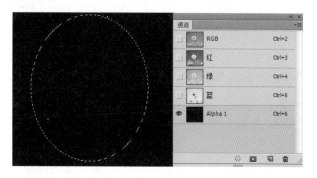

图4-73 绘制椭圆选区

（5）按Ctrl+Shift+I组合键对选区进行反选。

（6）用白色填充选区，然后按Ctrl+D组合键撤销选区。

（7）选择"滤镜"|"像素化"|"彩色半调"命令，在弹出的对话框中将最大半径设置为8像素，其他参数设置如图4-74所示。

（8）按住Ctrl键，单击Alpha1通道缩览图将选区载入，如图4-75所示。

（9）单击RGB复合通道，用白色填充选区，最终效果如图4-76所示。

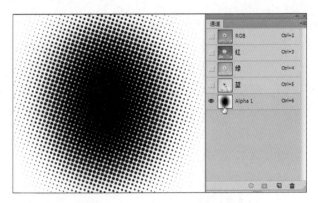

图 4-74　"彩色半调"对话框　　　　图 4-75　单击通道缩览图载入选区

(a) 单击RGB复合通道　　　　　　　　(b) 填充前景色

图 4-76　使用通道制作的特殊效果

4.3.3　在通道中建立具有羽化效果的选区

在 Alpha 通道中,白色表示选择区域,黑色代表非选择区域,灰色代表该区域具有不为"0"的羽化数值选区,因此在 Alpha 通道中可以使用黑灰白渐变的方式获取一个有柔和边缘的羽化效果的选区。

(1) 打开"第 4 章\图 4-77.jpg"文件,选择魔术橡皮擦工具 ,在天空背景处单击,擦除背景色,如图 4-77 所示。

图 4-77　擦除背景色

（2）打开"通道"面板，单击"创建新通道"按钮  新建 Alpha1 通道。

（3）选择渐变工具 ，用黑白渐变做线性渐变填充，如图 4-78 所示。

图 4-78　用黑白渐变做线性渐变填充

（4）按住 Ctrl 键，单击 Alpha1 通道缩略图将选区载入。

（5）单击 RGB 复合通道，回到图像编辑状态，然后按 Ctrl＋C 组合键复制选区中的图像。

（6）打开"第 4 章\图 4-79.jpg"文件。

（7）按 Ctrl＋V 组合键将图像粘贴到该文件中，最终效果如图 4-79 所示。

(a) 打开图像文件　　　　　　　　(b) 将复制图像粘贴到文件中

图 4-79　海市蜃楼效果

4.4　使用快速蒙版创建选区

蒙版是一种遮盖工具，它可以分离和保护图像的局部区域。前面介绍了使用选框工具、套索工具、魔棒工具来建立选区，这些选区一经建立就无法修改，给图像的编辑带来了不便，而使用快速蒙版建立选区后可用画笔、渐变填充等修改选区。

快速蒙版为临时蒙版，它用于在图像窗口中快速编辑选区，而不保存于通道中，它只适合临时性的操作。双击工具箱下方的"快速蒙版"按钮 ，弹出"快速蒙版选项"对话框，可以看到被蒙版区域默认以半透明的红色覆盖，如图 4-80 所示。如果所操作的图像文件是红色的，为了能显示清晰，可将被蒙版区域设置为蓝色，如图 4-81 所示。

此时，"通道"面板上新增了一个快速蒙版通道，一旦切换回标准模式，快速蒙版通道就会消失，所建立的选区不能保存。

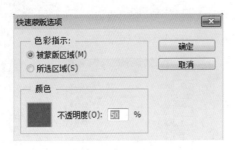

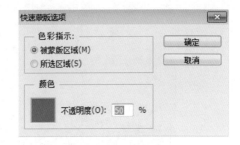

图 4-80　被蒙版区域为"红色"　　　　　图 4-81　被蒙版区域为"蓝色"

对于较复杂的背景图像的选取可以使用快速蒙版建立选区,在该模式下几乎可以使用任何手段进行绘画,其原则是用白色绘画可增加选取的范围,用黑色绘画可减少选取的范围。

(1) 打开"第 4 章\图 4-82.jpg"图像文件,双击"快速蒙版"按钮 设置被蒙版区域为"蓝色",然后单击"快速蒙版"按钮 进入快速蒙版编辑模式。

(2) 选择画笔工具 ,设置前景色为黑色,沿人物的轮廓勾勒,由于设置了被蒙版区域为蓝色,所以黑色画笔涂抹过的区域显示出蓝色。

(3) 如果有涂错的地方,使用橡皮擦工具 擦除(也可使用白色的画笔工具修改),将要选择的图像全部涂抹为蓝色,打开"通道"面板可以看到快速蒙版区域如图 4-82 所示。

图 4-82　创建快速蒙版

在快速蒙版编辑模式下,当用绘图工具以白色绘制或用橡皮擦工具擦除时相当于擦除蒙版,即蓝色覆盖区域(被屏蔽区域)变小,选区就会增大;当用绘图工具以黑色绘制时,相当于增加蒙版面积,蓝色区域增加,也就是减少了选择区域。

(4) 单击工具箱中的"标准模式"按钮 返回正常编辑模式,在图像上得到精确的选区。注意,此时蓝色的区域为被屏蔽区域,若要选择人物,则要选择"选择"|"反选"命令,按 Ctrl+J 组合键将选出的人物复制到新层,抠出的图像如图 4-83 所示。

(5) 打开另一幅图像文件"第 4 章\图 4-84.jpg",将选出的人物拖入其中更换原图的背景,如图 4-84 所示。

图 4-83　选出人物

图 4-84　为人物更换背景

4.5　使用钢笔工具绘制选区

钢笔工具是最常用的路径工具,使用它可以绘制光滑且复杂的路径。通常,路径可以轻松地转换为选区。在图像的编辑操作中,往往需要精确地选取图像范围,用户可以使用钢笔工具绘制图像轮廓,然后将路径转换为选区。由于路径具有很灵活的可调整性,更容易被调整和编辑,所以用它创建选区更加精准、方便。

4.5.1　使用钢笔工具绘制路径

钢笔工具 是建立路径的基本工具,使用该工具可以创建直线路径和曲线路径。在工具箱中选择该工具后,其选项栏上将显示有关钢笔工具的属性,如图 4-85 所示。

图 4-85　钢笔工具选项栏

路径由一个或多个直线段或曲线段组成,锚点标记路径段的端点。每个选中的锚点会显示一条或两条方向线,方向线以方向点结束。方向线和方向点的位置共同决定了曲线段的曲率大小与曲线的方向,如图 4-86 所示。

选择工具箱中的钢笔工具 ,在图像上单击创建第一个锚点,然后把鼠标指针移到图像的另一个位置,再次单击创建第二个锚点,则在两个锚点之间会自动连接一条直线,如图 4-87 所示。若在单击第二个锚点时按住 Shift 键,可以绘制水平、垂直或 45 度角的直线路径。

若在图像上单击确定第二个锚点时按住鼠标左键不放并向其他方向拖动,直到曲线出现合适的弯曲度,此时曲线端点处会出现一对方向线,如果要使曲线向上拱起,则向下拖动调整手柄,如图 4-88 所示。控制手柄的拖动方向及长度决定了曲线段的方向及曲率大小。

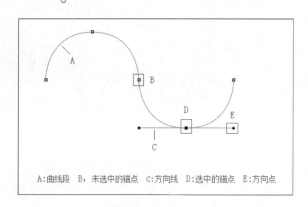

A:曲线段　B：未选中的锚点　C:方向线　D:选中的锚点　E:方向点

图 4-86　曲线路径

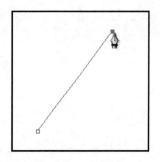

图 4-87　绘制直线路径

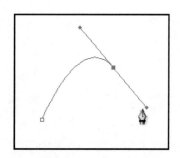

图 4-88　绘制曲线路径

4.5.2　编辑路径

每条线段的端点称为锚点,每一个锚点带有一对方向线,曲线的形状及前后线段的光滑度由它们来调整,如图 4-89 所示。

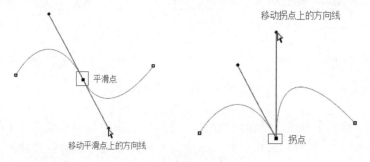

图 4-89　平滑线段与拐点线段

平滑点：平滑点位于平滑过渡的曲线上,带有一对方向线,当调节其中的一个方向点时,另外一个也会相应移动。

拐点：拐点用于连接两条曲线,两侧也带有一对方向线,但当调节其中的一个方向点时,另外一个不会移动。在曲线上,按住 Alt 键拖动刚建立的平滑点,就可以将平滑点转换为拐点。

使用路径选择工具 可以方便地选择和移动整个路径,而直接选择工具 能选择路径中的各个锚点,对其进行独立的调整。在使用钢笔工具的情况下,按 Ctrl 键可切换到直接选择工具 ↳ 对某个锚点进行调整。

(1)移动锚点:在使用路径选择工具 ↳ 时,按 Ctrl 键切换到直接选择工具 ↳ 后,选中要编辑的锚点进行拖曳,如图 4-90 所示。

(2)改变曲率:使用直接选择工具 ↳ 在控制手柄上按住鼠标左键向某个方向拉动,如图 4-91 所示。

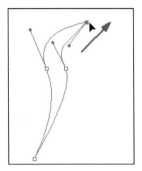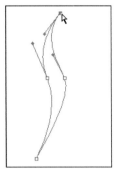

图 4-90 移动锚点

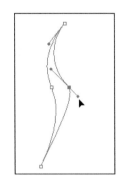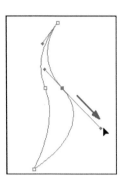

图 4-91 改变曲率

(3)改变曲线的方向:在使用钢笔工具时按 Alt 键可切换到转换点工具 ⌐,拖动手柄可以将平滑点切换为拐点,拖动鼠标则可改变一侧曲线的方向,如图 4-92 所示。

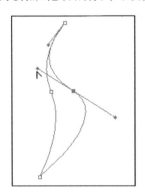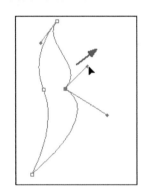

图 4-92 改变曲线的方向

(4)转换锚点:在编辑路径时经常要将平滑点和拐点进行相互转换,此时就要用到转换点工具 ⌐,若要将平滑点转换为拐点,用转换点工具在锚点上单击即可,如图 4-93 所示。如果继续拖动手柄,则又可以将其转换为平滑曲线。

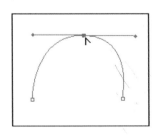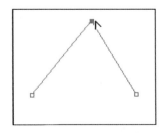

图 4-93 将平滑点转换为拐点

4.5.3 将路径转换为选区

使用钢笔工具可以创建路径,而路径的一个较为重要的功能就是和选区进行相互转换,获得较为精准、平滑的选区。下面学习创建一个心形路径,并将路径转换为选区。

(1) 选择钢笔工具 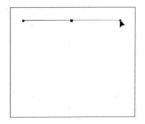,按住鼠标左键水平拖动,拉出一对方向线后释放鼠标,接着在锚点下方单击创建第二个锚点,最后在第一个锚点处单击封闭路径,如图 4-94 所示。

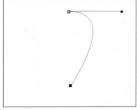
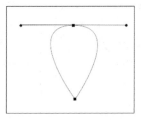

图 4-94　绘制封闭路径的流程

(2) 按住 Alt 键将鼠标指针移至右侧方向点的上方,待鼠标指针变成 ⏄ 时按下鼠标左键向右上方拖动。

(3) 按住 Alt 键将鼠标指针移至左侧方向点的上方,待鼠标指针光标变成 ⏄ 时按下鼠标左键向左上方拖动。

(4) 按住 Alt 键将鼠标指针移至下边锚点的上方,待鼠标指针变成 ⏄ 时按下鼠标左键拖动拉出一对方向线,将锐角转换成钝角。

(5) 以(2)、(3)的方式拖动方向线的两侧方向点,完成心形路径的绘制,操作流程如图 4-95 所示。

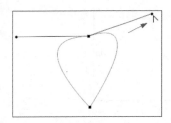
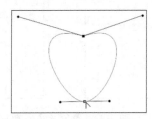
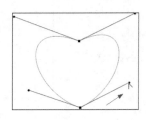

图 4-95　绘制心形路径的流程

(6) 路径在绘制完成后,图层上并没有任何像素,必须经过填充或描边才能得到所需的图像。

(7) 按 Ctrl+Enter 组合键将路径转换为选区,或打开"路径"面板,单击"将路径作为选区载入"按钮 ▦ 。

(8) 设置渐变色,然后做径向渐变填充,如图 4-96 所示。

实例介绍:

通过绘制复杂路径创建选区。

(1) 打开"第 4 章\图 4-97.jpg"文件,选择钢笔工具 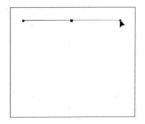,在选项栏中选择"路径"选项,然后沿鸽子的外形勾勒路径。

图 4-96 将路径转换为选区,并填充选区

（2）为了便于清晰地观察使用钢笔工具绘制的曲线,可以选择在蓝通道上操作。

（3）单击确定第一个锚点,沿鸽子的头部轮廓在第二个锚点处按下鼠标左键不要释放,拖出一对方向线。

（4）由于方向线确定了下一段曲线的方向,为了不受它的影响,可以将其中的一条方向线删除。按住 Alt 键,将鼠标指针移至第二个锚点上方单击,即可将其删除,如图 4-97 所示。

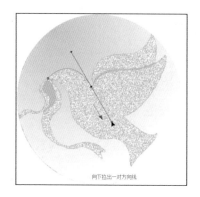
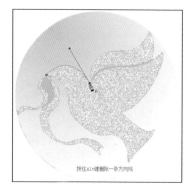

图 4-97 拖出一对方向线,并将其中之一删除

（5）沿着外轮廓曲线继续描绘,在每个锚点处都要重复上一步的删除方向线,最终完成整个路径的绘制,流程如图 4-98 所示。

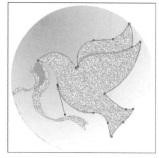

图 4-98 绘制路径的流程

（6）新建一个 Photoshop 文档,用路径选择工具 选中刚才勾勒的路径,将其拖动到新文档中,在新文档的“路径”面板中可以看到新建了一个路径。选中这个路径的缩略图,将其拖动到“路径”面板底部的“创建新路径”按钮 上,复制这个路径,如图 4-99 所示。

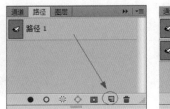

图 4-99　复制路径

（7）选择"编辑"|"变换路径"|"缩放"命令（也可以按 Ctrl＋T 组合键），调整路径 1 的大小并放到合适的位置。单击"路径"面板底部的"将路径作为选区载入"按钮 ○，即将当前路径转化为了选区，如图 4-100 所示。

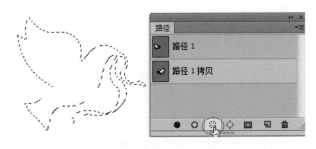

图 4-100　路径转选区

（8）使用蓝色对该选区进行填充，将"路径 1 拷贝"中的路径转化为选区后用蓝-白径向渐变填充，如图 4-101 所示。

（9）最后用绿色画笔在背景层随意涂抹几笔，做个衬托效果，如图 4-102 所示。

图 4-101　填充选区

图 4-102　最终效果

4.6　选取操作综合应用实例

4.6.1　户外运动宣传画报

（1）新建大小为 15×20 厘米、分辨率为 100 像素/英寸的图像文档。

（2）新建图层 1 绘制椭圆选区，然后右击，在弹出的快捷菜单中选择"变换选区"命令。

（3）为了操作方便，可按住 Alt 键滚动鼠标滑轮，将画面的显示比例缩小，如图 4-103 所示。

（4）在选区内填充红色，用键盘的方向键向上微移选区。

（5）新建图层 2 填充黄色，如图 4-104 所示。

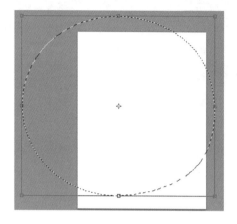 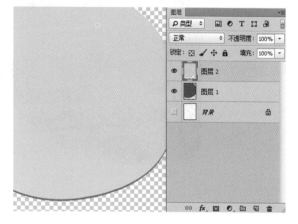

图 4-103　变换选区　　　　　　　　　　图 4-104　填充颜色

（6）拖入"第 4 章\图 4-105.jpg"图像文件，按 Ctrl 键载入图层 2 选区。

（7）选择矩形选框工具，按住 Shift 键框选上半个画面加入选区。

（8）按向上的方向键移动选区，反选后按 Delete 键做删除处理，如图 4-105 所示。

（9）打开"第 4 章\图 4-106.jpg"素材，新建 Alpha1 通道。

（10）从左下角向右上角做白-黑径向渐变，如图 4-106 所示。

图 4-105　反选后删除部分图像　　　　　图 4-106　在通道内做径向渐变

（11）按住 Ctrl 键单击 Alpha1 通道载入选区，然后单击 RGB 复合通道返回"图层"面板。

（12）用移动工具将选中的图像拖入画报的图像文档，系统自动命名为"图层 4"。

（13）调整合适的位置，处理完成后效果与层的关系如图 4-107 所示。

图 4-107　拖入素材图像

（14）输入海报文字"挑战"，复制一层。然后选中原文字层，将字体颜色换成黑色。

（15）用方向键向右移动几个像素，形成文字阴影效果。

（16）继续添加其他宣传文字与 Logo 标志图，宣传画报制作完成，效果如图 4-108 所示。

图 4-108　户外运动宣传画报

4.6.2　在通道中使用滤镜制作相片边框

（1）新建大小为 1100×800 像素、分辨率为 100 像素/英寸、RGB 模式的 Photoshop 文档。

（2）打开"第 4 章\图 4-109.jpg"素材文件，拖入新建的文档。

（3）选择椭圆选框工具 ◯，设置羽化值为"80"像素，在画布的右上角绘制椭圆选区。

（4）按 Ctrl＋Shift＋I 组合键反选，按 Delete 键将图层 1 的像素删除，处理过程如图 4-109 所示。

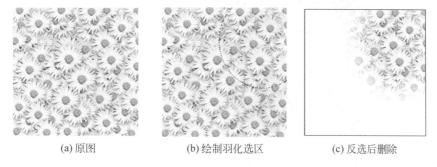

(a) 原图　　　　　　　　(b) 绘制羽化选区　　　　　　(c) 反选后删除

图 4-109　背景图案的操作过程

（5）打开"第 4 章\图 4-110.jpg"素材文件，拖入新建的文档。

（6）选择快速选择工具 ✐，在人物中涂抹创建选区。

（7）由于发丝部分较难抠选，选择"选择"|"调整边缘"命令进行较精准的抠取。

（8）在弹出的"调整边缘"对话框中设置参数如图 4-110 所示。

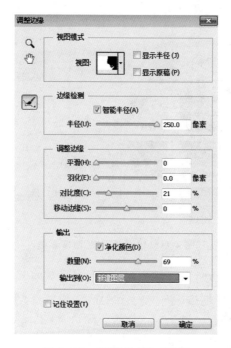

图 4-110　"调整边缘"对话框

（9）按 Ctrl＋E 组合键向下合并图层，将人物与花两个图层合并。

（10）按 Ctrl＋T 组合键打开调整框，将画面缩小形成白边框，操作至此效果如图 4-111 所示。

图 4-111　调整图像大小形成边框

（11）打开"通道"面板，单击面板底部的"创建新通道"按钮 新建一个 Alpha1 通道。

（12）用选框工具绘制比图片小一些的矩形选区。

（13）选择"选择"|"修改"|"平滑"命令，在弹出的对话框中按图 4-112 所示设置。

（14）按 Ctrl＋Shift＋I 组合键反选，填充白色。

（15）选择"滤镜库"|"素描"|"半调图案"命令，设置参数如图 4-113 所示。

图 4-112　"平滑选区"对话框

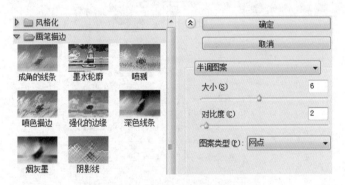

图 4-113　"半调图案"滤镜参数

（16）选择"滤镜库"|"素描"|"图章"命令，设置参数如图 4-114 所示。

（17）选择"滤镜库"|"画笔描边"|"阴影线"命令，设置参数如图 4-115 所示。

（18）选择"滤镜"|"锐化"|"锐化"命令，然后按 Ctrl＋F 组合键重复执行该滤镜。

（19）按 Ctrl 键单击 Alpha1 通道缩览图载入选区。

（20）单击 RGB 通道，返回"图层"面板，新建图层。

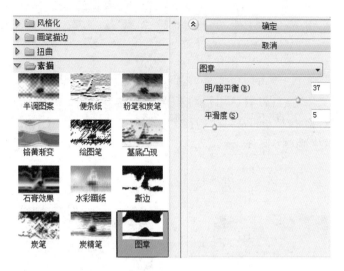

图 4-114 "图章"滤镜参数

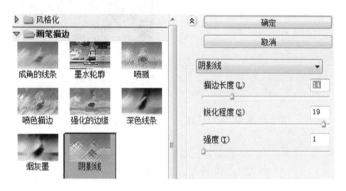

图 4-115 "阴影线"滤镜参数

（21）设置前景色，按 Alt＋Delete 组合键在选区内填充前景色，最终效果如图 4-116 所示。

图 4-116 相框效果

4.6.3　使用通道运算制作霓虹灯文字特效

（1）新建 RGB 模式的 Photoshop 文档。

（2）打开"通道"面板，单击面板底部的"创建新通道"按钮 🔲 新建 Alpha1 通道。

（3）输入白色文字"霓虹灯管"，用移动工具 ▸⊹ 将文字放置至适当的位置。

（4）单击"通道"面板下方的"将选区存储为通道" 🔲 按钮，如图 4-117 所示，撤销选区。

（5）选中 Alpha1 通道，选择"滤镜"|"模糊"|"高斯模糊"命令，设置参数如图 4-118 所示。

图 4-117　将选区存储为通道

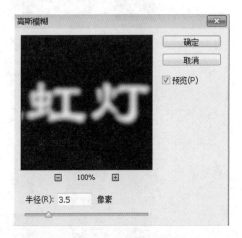

图 4-118　"高斯模糊"对话框

（6）选择"图像"|"计算"命令，按图 4-119 所示设置"计算"对话框中的参数，然后单击 ⬚确定⬚ 按钮，可以看到"通道"面板中多了一个新通道 Alpha3。

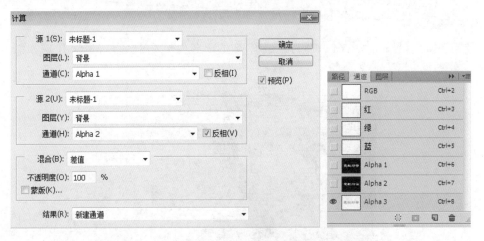

图 4-119　计算产生的新通道

（7）通道计算后的效果如图 4-120 所示。按 Ctrl＋I 组合键，将像素的颜色转变为它们的互补色，效果如图 4-121 所示。

（8）按 Ctrl＋A 组合键将 Alpha3 通道中的图像全选，再按 Ctrl＋C 组合键复制。

图 4-120 通道计算后的效果　　　　　图 4-121 变为互补色后的效果

（9）单击 RGB 复合通道，返回"图层"面板，然后按 Ctrl＋V 组合键粘贴。

（10）选择工具箱中的渐变工具 ▊，设置渐变模式为"颜色"，如图 4-122 所示。

图 4-122 渐变工具选项栏

渐变后的文字效果如图 4-123 所示。

图 4-123 霓虹灯管字

课后习题

1. 打开"第 4 章\图 4-124a.jpg"和"第 4 章\图 4-124b.jpg"素材文件，学习使用颜色创建选区的方法以及与图像变换操作合成图像，最终效果如图 4-124 所示（可尝试使用魔棒工具、"色彩范围"命令、"调整边缘"命令等进行选择）。

图 4-124 第 1 题

2. 打开"第 4 章\图 4-125a.jpg"和"第 4 章\图 4-125b.jpg"文件，综合使用矩形选框工具和多边形套索工具置换窗外的风景，如图 4-125 所示（提示：绘制选区后，将另一素材复制粘贴到选区，快捷键为 Ctrl＋Alt＋Shift＋V）。

3. 快速选择工具与魔棒工具练习：将素材"第 4 章\图 4-126a.jpg"中的黄色花朵取出，通过"径向模糊"滤镜命令制作光芒效果，再与"第 4 章\图 4-126b.jpg"中的素材合成，操作

图 4-125   第 2 题

流程示意如图 4-126 所示，图像的最终效果如图 4-127 所示。

图 4-126   操作流程示意图

图 4-127   第 3 题

4. 选区的变换与羽化的练习：绘制透明水晶球，操作流程如图 4-128 所示。然后复制多个水晶球通过变换制作透视效果图，最终效果如图 4-129 所示。

(a) 填充渐变   (b) 为羽化选区添加白-透明渐变   (c) 羽化值为0时的白-透明渐变   (d) 用画笔工具绘制投影

图 4-128   绘制透明水晶效果按钮的流程

5. 通过设置选区羽化值绘制月亮和星空,效果如图 4-130 所示。

图 4-129 第 4 题

图 4-130 第 5 题

操作提示:

(1) 对椭圆选区设置合适的羽化值,然后进行不同颜色的填充。

(2) 月亮的绘制,画一个黄色的正圆,再对圆形选区设置羽化值,将部分圆形删除。

(3) 学习载入星星画笔,并设置画笔的大小和散布状态,绘制星星。

6. 利用通道制作有机玻璃文字特效,效果如图 4-131 所示。

操作提示:

(1) 在通道中输入白色文字,为文字添加"模糊"|"动感模糊"滤镜。

(2) 选择"风格化"|"查找边缘"命令。

(3) 选择"图像"|"调整"|"反相"命令。

(4) 将通道内容全选复制到图层中,然后做渐变填充(模式选择"颜色")。

7. 使用钢笔工具绘制苹果,转换为选区后进行填充,制作出如图 4-132 所示的插图效果。

图 4-131 第 6 题

图 4-132 第 7 题

色彩与色调的调整

在图形图像设计中,图像的色彩与色调的细微变化都会影响图像的视觉效果,因此对图像色彩与色调的调整是图像设计与制作过程中非常重要的一个环节。图像的调整主要分为两个方面,一是色调的调整,丰富图像的层次,使之更加清晰;二是色彩的调整,可以改变或替换图像的颜色。Photoshop 提供了丰富的色彩与色调调整工具,只有熟悉并用好这些工具才有可能制作出高品质的图像。

5.1 色彩与色调的基础知识

客观世界的色彩千变万化,但任何色彩都有色相、明度、纯度 3 个属性,又称为色彩的三要素。当色彩间发生作用时,各种色彩彼此间会形成色调,并显示出自己的特性,因此构成了色彩的 5 要素。

◇ 色相:色彩的相貌,即色彩种类的名称。

◇ 明度:色彩的明暗程度,即某一色彩的深浅差别。

◇ 纯度:色彩的纯净程度,又称饱和度。某一纯净色加上白色或黑色,可以降低其纯度,或趋于柔和、或趋于沉重。

◇ 色调:色彩外观的基本倾向,即各种图像色彩模式下图形原色的明暗度。

◇ 色性:色彩的冷暖倾向。

5.1.1 颜色取样器工具

使用颜色取样器工具 可以在图像上放置取样点,每个取样点的颜色"信息"都会显示在信息面板中。通过设置取样点,可以在调整图像的过程中观察到颜色值的变化情况。

选择颜色取样器工具 ,在图像的取样位置单击,即可建立取样点。一个图像最多可以放置 4 个取样点。

单击颜色取样器工具选项栏中的 取样点 按钮,在打开的下拉列表中可以选择取样的大小。颜色取样器工具选项栏如图 5-1 所示。

如果要删除某个取样点,可按住 Alt 键单击该颜

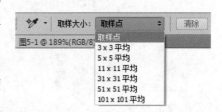

图 5-1 颜色取样器工具选项栏

色取样点；若要删除所有的颜色取样点，可单击工具选项栏上的"清除"按钮。

5.1.2 "信息"面板

使用颜色取样器工具单击图像取样点可打开"信息"面板，选择"窗口"|"信息"命令也可打开"信息"面板。通过"信息"面板，可以快速、准确地查看光标所处位置的坐标、颜色信息（RGB 颜色值和 CMYK 颜色的百分比数值）、选区大小、文档大小等，如图 5-2 所示。

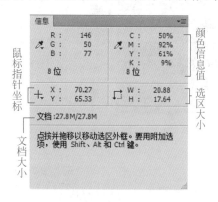

图 5-2　"信息"面板

5.1.3 "直方图"面板

Photoshop 提供了直方图来显示图像中明暗像素的分布状况。选择"窗口"|"直方图"命令，可以打开"直方图"面板，如图 5-3 所示。在默认情况下，"直方图"面板是以紧凑视图显示的。单击面板右上角的 ▼≡ 按钮，从弹出的面板菜单中选择"扩展视图"命令，可以查看带有统计数据的直方图。图 5-3 即为扩展视图。在"通道"下拉列表框中可选择查看各颜色通道的分布情况。

图 5-3　图像直方图

直方图的横轴代表像素的亮度等级，也称为色阶，从左到右显示从暗色值（0）到亮色值（255）之间的 256 个亮度等级；纵轴代表各色阶的像素总数量，即图像中同亮度等级（色阶）下的像素总数。

利用直方图可以查看整幅图像的色调分布状况，从而可以有效地控制图像的色调。如果曲线偏左分布，那么图像属于暗调，如图 5-4 所示；如果曲线偏右分布，图像属于高调图像,如图 5-5 所示;而平均色调的图像细节集中在中间调(直方图中间),曲线居中,呈正态分布,如图 5-6 所示。

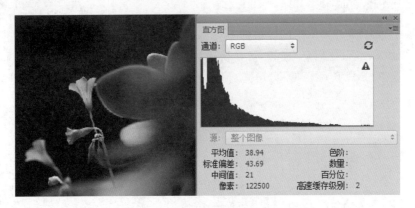

图 5-4 暗调图像及直方图

图 5-5 高调图像及直方图

图 5-6 平均色调图像及直方图

5.2 图像色调的调整

图像的清晰程度是由图像的层次决定的,图像色调反映了图像的层次。色调的调整主要是指对图像明暗度的调整,包括设置图像的高光和暗调,调整中间色调等。

5.2.1　图像的基本调整命令

在"图像"菜单中提供了几个调整图像色彩和色调的最基本的命令,即"自动色调"、"自动对比度"和"自动颜色",这些命令可以自动调整图像的色调或者色彩。

1. "自动色调"命令

选择"图像"|"自动色调"命令(快捷键为 Ctrl＋Shift＋L),可自动、快速地扩展图像的色调范围,使图像最暗的像素变黑(色阶为 0),最亮的像素变白(色阶为 255),并在黑白之间的范围上扩展中间色调,按比例重新分配各像素间的色调值,因而可能会影响色彩平衡。图 5-7 所示的是原图及直方图信息,图 5-8 所示的是选择"自动色调"命令后的图像效果和直方图信息。

图 5-7　原图及直方图信息

图 5-8　选择"自动色调"命令后的效果

从两图的直方图可以观察到,调整前原图的最亮点不在 255 位置,经自动色调调整后,最亮点向右移动到 255,且整个图像的色阶分布均向色阶亮的位置扩展。由于对各通道的明暗像素都进行了调整,所以颜色也由原来的偏黄调整为偏蓝,色彩平衡发生了变化。

2. "自动对比度"命令

选择"图像"|"自动对比度"命令,可以自动增强图像的对比度,使用此命令可以将图像中最亮和最暗的像素映射为白色(色阶为 255)和黑色(色阶为 0),即高光部分更亮、阴影部

分更暗。此命令不调整各颜色通道,所以不会引入或消除色偏。对于明显发灰、缺乏对比度的照片而言,使用该命令效果较好。图 5-9 为原照片与直方图信息,直方图显示原图的色阶基本集中在中部,没有亮部与暗部信息,所以整个图像偏灰。图 5-10 为选择"自动对比度"后的调整效果与直方图信息。调整后的直方图分别向左、右扩展,从而增强亮部与暗部的信息。

图 5-9　原图

图 5-10　选择"自动对比度"命令后的效果

3. "自动颜色"命令

选择"图像"|"自动颜色"命令,可以快速校正图像的颜色。图 5-11 所示的照片色彩偏蓝,从颜色直方图中可以观察到高光部分的蓝色信息较多;图 5-12 为选择"自动颜色"命令后的效果,偏色得到了一定程度的纠正,直方图也显示出高光部分的蓝色信息减少。

4. "亮度/对比度"命令

当遇到色调灰暗或者层次不明的图像时,可以使用"亮度/对比度"命令调整图像的明暗

图 5-11　原图偏蓝色

图 5-12　选择"自动颜色"命令后的效果

关系。该命令能用来粗略地调整图像的亮度与对比度,调整图像中的所有像素(包括高光、暗调和中间调),但对单个通道不起作用,所以不能进行精细调整。

打开"第 5 章\图 5-13.jpg"文件,选择"图像"|"调整"|"亮度/对比度"命令,在弹出的对话框中改变其亮度和对比度的数值,增加亮度值和对比度值,最终效果如图 5-13所示。

图 5-13　选择"亮度/对比度"命令前后的效果

5.2.2 色阶

　　"色阶"命令是一个功能非常强大的颜色与色调调整工具,使用"色阶"命令可以调整图像的阴影、中间调和高光强度级别,并且校正图像的色调范围和色彩平衡。

　　"色阶"命令主要调整图像的亮度、暗度及反差比例,如果觉得图片太暗、太亮或者对比不够明显,都可以考虑用它来调整。按 Ctrl＋L 组合键或选择"图像"|"调整"|"色阶"命令,弹出如图 5-14 所示的"色阶"对话框,调整色阶有以下 3 种方法。

图 5-14　"色阶"对话框

　　◇ 输入色阶滑块及对应的文本框。

　　该区域中包括了 3 个滑块,从左到右依次为黑色、灰色和白色滑块。左侧的黑色三角滑块控制图像的暗调,中间灰色的三角滑块控制图像的中间调,最右侧的白色三角滑块控制图像中的高光。与这 3 个滑块相对应的 3 个文本框可显示当前对滑块所做的调整,用户也可直接在文本框中输入数值。

　　左边输入框中的数值可以增加图像暗部的色调,取值在 0～255 之间,其工作原理是把图像中亮度值小于该数值的所有像素都变成黑色。

　　中间输入框中的数值可以增加图像的中间色调,小于该数值的中间色调变暗,大于该数值的中间色调变亮。

　　右边输入框中的数值可以增加图像亮部的色调,取值在 0～255 之间,其工作原理是把图像中亮度值大于该数值的所有像素都变成白色。

　　◇ 输出色阶滑块及对应的文本框。

　　该区域包括了输出的黑白渐变条、黑场/白场滑块及与之相对应的文本框。在"输出色阶"文本框中输入数值,可以重新定义暗调和高光。

　　◇ 设置黑场、灰场、白场 3 个吸管。

　　在"色阶"对话框的右下侧有 3 个吸管工具,它们的作用分别是创建新的暗调、中间调、高光。选取某个滴管后,移动鼠标指针到图像上,鼠标指针会变成吸管形状,单击图像中的某个像素点,系统会以这个点的像素为样本创建一个新的色调值。

选择黑色吸管在图像上单击,该点被设置为黑场,亮度值为 0(黑色),图像中其他像素的亮度值相应减少,图像整体变暗。

选择白色吸管在图像上单击,该点被设置为白场,亮度值为 255(白色),图像中其他像素的亮度值相应增加,使图像变亮。

选择灰色吸管在图像上单击,则该点被指定为中灰点,可改变图像的色彩分布。

在调节过程中如果用户对效果不满意,希望回到图像的初始状态下重新调节,可以按 Alt 键,这时 取消 按钮会变成 复位 按钮,单击它便可恢复到调节前的状态。

1. 使用色阶滑块调整照片色调

(1)打开"第 5 章\图 5-15.jpg"文件,如图 5-15 所示。这张图属于曝光问题,由于正午的光线过亮造成人物与背景曝光不足,下面通过色阶对其色调进行调整。

(2)选择"图像"|"调整"|"色阶"命令或按 Ctrl+L 组合键,弹出"色阶"对话框,通过"色阶图显示区"的直方图可以看到所有的颜色信息都集中在左侧,如图 5-16 所示,所以图像很暗。

图 5-15　打开原图像　　　　　　　　图 5-16　原图像的色阶

(3)使用输入色阶滑块调整色阶。

在"色阶"对话框中将"灰场滑块"和"白场滑块"推向左侧,如图 5-17 所示,由于高光部分曝光正常,曝光不足的是中间调部分,因而把灰场滑块向左边信息丰富的区域推。观察直方图可以看到调整色阶后的颜色信息开始向右侧分布,如图 5-18 所示。与此同时,图像的灰暗色调已基本得到纠正。

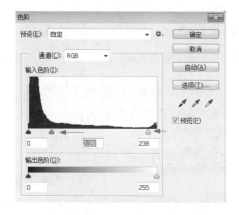

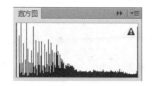

图 5-17　"色阶"对话框　　　　　　　图 5-18　调整后的信息分布状况

（4）图 5-18 为调整后的直方图，由于色阶扩展，直方图左侧暗部变得稀疏了，这就是色阶重分布的结果，稀疏意味着信息损失了，造成细节不足。

（5）选择黑场吸管 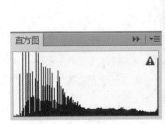 在图中较暗的点单击重定义黑场，图 5-19 为色阶调整完成后的图像效果，从直方图中可以观察到与图 5-18 相比丢失的部分暗场信息也得到修复，且色阶基本呈正态分布。

图 5-19　调整完成后的直方图信息与图像效果

2. 使用吸管调整颜色

对于有色偏的照片，可以使用黑场、白场、灰场 3 个吸管重新定义图像中的暗点、亮点，找到并校正图像中的中灰点。中性灰色的特征就是 R、G、B 三色数据基本相同，因此找到合适的中灰点，就能还原其真实色彩。

（1）选择"窗口"|"信息"命令，打开"信息"面板，移动鼠标指针寻找 R、G、B 大致相等的中灰点，按 Shift 键单击确定取样点，如图 5-20 所示。

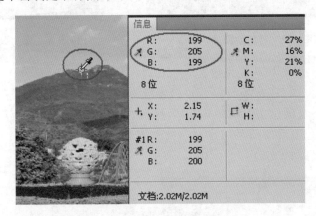

图 5-20　打开偏色图像文件寻找中灰点

（2）选择"图像"|"调整"|"色阶"命令或按 Ctrl＋L 组合键，弹出"色阶"对话框。选择灰场吸管 ，在图中的中灰点单击；选择白场吸管 ，在图像中最亮的点单击；再选择黑场吸管 ，在图像中最暗的点单击，3 个取样点如图 5-21 所示。

黑、白、灰场 3 个吸管重定义色调前后的图像效果如图 5-22 所示。

5.2.3　曲线

"曲线"命令和"色阶"命令的作用相似，但功能更强。它不仅可以调整图像的亮度，还可

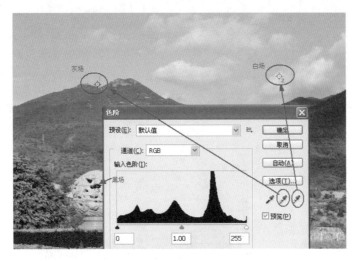

图 5-21 3 个吸管取样点

图 5-22 色调调整前后的效果

以调整图像的对比度和色彩。使用"曲线"命令调整色调虽不如使用"色阶"那样直观、准确地设置黑、白场,但使用"曲线"命令调整的优势在于可以多点控制,可以在照片中实现特定区域的精确调整。

1. "曲线"对话框

选择"图像"|"调整"|"曲线"命令,或者按 Ctrl+M 组合键,将弹出"曲线"对话框,坐标横轴表示输入色阶,纵轴表示输出色阶;网格中的对角线为 RGB 通道的色调值曲线,也称为色阶曲线;左下角是暗调,右上角是调节高光,改变图中的色阶曲线形态就可以改变当前图像的亮度分布,如图 5-23 所示。背景网格默认按照直方图的 1/4 高度及宽度创建网格,按住 Alt 键的同时在曲线图内单击,则变成按照直方图的 1/10 高度及宽度创建网格,这样便于比较精确的曲线调整。

改变曲线形状调节图像色阶有 3 个工具可以选择。

◇ 曲线工具 〰:使用该工具可以在调节线上添加控制点,以曲线的方式进行调整。移动鼠标指针到调节线上,此时单击即可产生一个控制节点,通过移动控制节点来改变曲线的形状。若要删除节点,拖曳该节点到网格区域外即可,也可按住 Ctrl 键单击该节点。

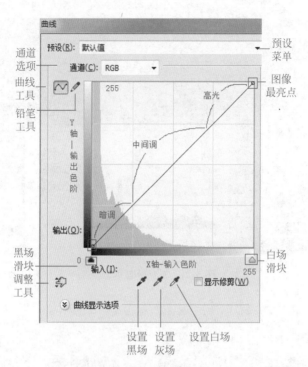

图 5-23 "曲线"对话框

◇ 铅笔工具 ✐：该工具以手绘方式在曲线调整框中绘制曲线，可绘制出明暗变化强烈的曲线，更适合创意性地调节图像色调。使用铅笔工具很难得到光滑的曲线，此时可单击 平滑(M) 按钮，使曲线自动变为平滑。选择曲线工具 ∿ 后又可回到节点编辑方式，曲线的形状保持不变。

◇ 拖动调整工具 ✌：使用该工具在要调整的图像位置处单击后直接拖动即可。

2. 使用曲线调节色调的方法

更改曲线的形状可以改变图像的色调和颜色。当曲线呈 45 度角时，曲线段上的任意一点的输入色阶＝输出色阶，图 5-24 所示为图像未调整状态的曲线色阶。

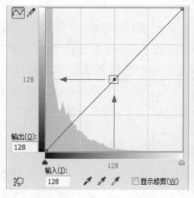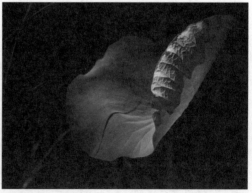

图 5-24 未调整图像的曲线

在曲线上单击新建一个控制点,拖动鼠标向上拉,曲线变成上凸的弧线,这种形态的曲线输出色阶比输入色阶值高,如图 5-25 所示。这里输入点的色阶为 101,输出色阶变成了 191,所以图像的亮度增大。

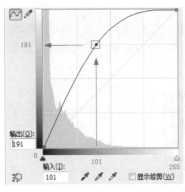 

图 5-25　曲线向上弯曲时的图像效果

在曲线上单击新建一个控制点,拖动鼠标向下压,曲线变成下凹的弧线,当色阶曲线被改变成向下弯曲时,曲线的输出色阶值比输入色阶值低,如图 5-26 所示。这里输入点的色阶为 128,输出色阶变成了 67,所以图像的亮度变暗。

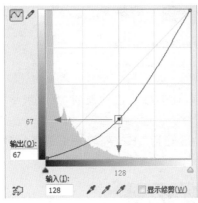 

图 5-26　曲线向下弯曲时的图像效果

3. 使用 S 形曲线增加图像的对比度

对于色调平淡的图像而言,可以通过 S 形曲线的调整来增加反差。S 形曲线的特点是比中间调色阶亮的像素更亮,比中间调色阶暗的像素更暗,最终增强图像的对比度。

打开"第 5 章\图 5-27.jpg"文件,直方图显示左侧的暗调部分和右侧的亮调部分都缺乏像素信息,所以这张照片毫无生气,呈现出灰蒙蒙的状态,如图 5-27 所示。

对于这种亮部不亮、暗部不暗的影调偏灰

图 5-27　打开图像观察直方图信息

的图片而言，可以通过曲线的调整增加对比度。

（1）按 Ctrl＋M 组合键弹出"曲线"对话框。

（2）提高照片的亮调，在曲线的上部单击创建一个调节点，向上拉动曲线，观察到照片的影调变亮了。

（3）增加照片的暗调，在曲线的下部单击再创建一个调节点，向下压曲线，这时曲线呈S形，这种曲线使照片的亮部更亮、暗部更暗，对于提高照片的反差非常有效，其效果和曲线如图 5-28 所示。

图 5-28　使用 S 形曲线提高图像的对比度

4. 使用曲线调整颜色通道

使用曲线在"通道"选项中可以分别调整红、绿、蓝 3 种光色的强弱，下面来学习如何在通道中使用曲线调整颜色。

（1）按 Ctrl＋M 组合键弹出"曲线"对话框，在"通道"下拉列表框中选择"红"通道，如图 5-29 所示，然后调节曲线的形状，提高照片中的红色影调。

图 5-29　在"红"通道中调整增加红色

　　现在虽然周围的树木和房顶的红色增加了,但是河水和石头也红了,怎么办呢? 不用担心,我们可以使用历史记录画笔工具和"历史记录"面板来配合操作。

　　(2) 选择历史记录画笔工具 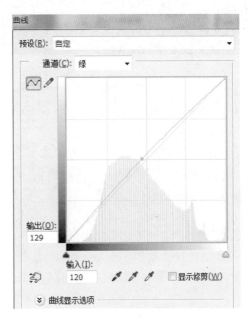,设置好"不透明度"和"流量",打开"历史记录"面板,在第一个曲线记录前单击,将标签设置在这个操作记录上,如图 5-30 所示。

　　(3) 设置好历史记录画笔工具后,在不需要增加红色的区域内涂抹。

　　(4) 使用套索工具设置羽化值后选出水面,然后打开"曲线"对话框,选择"绿"通道。

　　(5) 向上拉曲线以添加水中的绿色影调,如图 5-31 所示。

图 5-30　"历史记录"面板　　　　　　　图 5-31　调整"绿"通道曲线

　　此时,原本灰色、沉闷影调的照片现在显得格外有生气,调整前后的效果如图 5-32 所示。

图 5-32　调整前后的效果

5. 使用曲线制作特效

　　使用铅笔工具 在曲线调整框中绘制曲线,可绘制出明暗变化强烈的图像效果。下面学习制作一个具有金属质感的文字。

　　(1) 按 Ctrl＋N 组合键新建图像文件,并在背景层填充颜色值为＃d16540 的颜色。

（2）单击  按钮打开"通道"面板，新建 Alpha1 通道。

（3）使用文字工具输入文字，如图 5-33 所示。

图 5-33 在通道中输入文字

（4）单击"通道"面板下方的 按钮，将选区存储为通道，得到 Alpha2 通道。

（5）按 Ctrl＋D 组合键取消 Alpha1 通道的选区，然后选择"滤镜"|"模糊"|"高斯模糊"命令，在弹出的对话框中设置模糊半径为"4"个像素。

（6）选择"滤镜"|"风格化"|"浮雕"命令，在弹出的对话框中设置参数如图 5-34 所示。

（7）单击 RGB 复合通道，返回"图层"面板，新建图层 1。

（8）选择"图像"|"应用图像"命令，按图 5-35 所示设置通道为"Alpha1"、混合为"正片叠底"。

（9）在按住 Ctrl 键的同时单击"通道"面板中的"Alpha2"，将选区载入。

（10）选择"选择"|"修改"|"扩展"命令，将选区扩展"6"个像素。

图 5-34 "浮雕效果"对话框

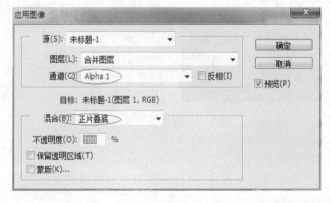

图 5-35 "应用图像"对话框

（11）按 Ctrl＋L 组合键弹出"色阶"对话框，将"输出色阶"的白场值设置为"199"，如图 5-36 所示。

（12）按 Ctrl＋M 组合键弹出"曲线"对话框，使用铅笔工具 ✐ 在曲线调整框中调整曲线如图 5-37 所示。

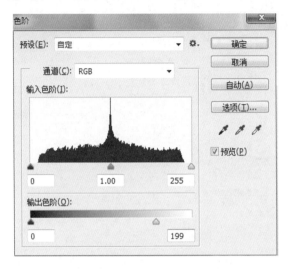

图 5-36　"色阶"对话框

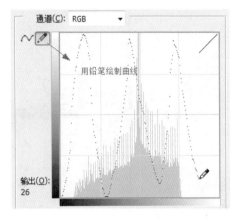

图 5-37　"曲线"对话框

（13）为了使曲线平滑，可以在绘制完后单击 ∿ 按钮，回到节点编辑方式进行调整。若遇到不需要的调节点，可按住 Ctrl 键在曲线的调节点上单击将其删除。曲线调整平滑后的状态如图 5-38 所示，调节后文字出现了金属光泽效果。

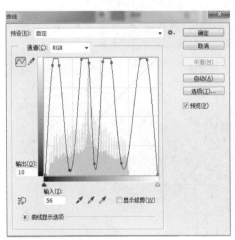

图 5-38　金属光泽效果

（14）在"曲线"对话框中选择"蓝"通道，将曲线调节成如图 5-39 所示的形状，降低蓝色，增加黄色。曲线调节完成后，单击 确定 按钮，文字效果出现金黄色光泽，如图 5-40 所示。

（15）按 Ctrl＋Shift＋I 组合键反选选区，然后按 Delete 键删除图层 1 中的灰色背景，最终文字效果如图 5-41 所示。

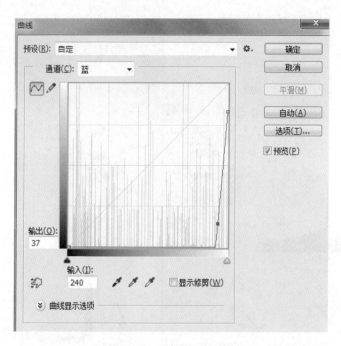

图 5-39 "曲线"对话框

图 5-40 金属光泽效果

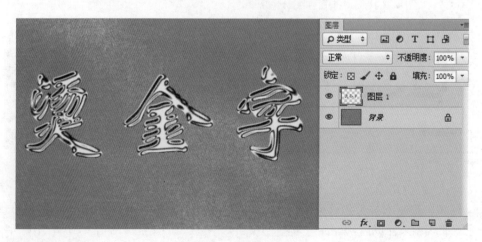

图 5-41 最终效果

5.2.4 特殊色调的调整方法

1. 反相

"反相"命令在"图像"|"调整"菜单项中,使用它可以把图像选择区域中的所有像素的颜色改变成它们的互补色,例如白色与黑色为互补色、红色与青色为互补色、洋红色与绿色为互补色等,如图 5-42 所示。

(a) 原图   (b) 反相   (c) 原图   (d) 反相

图 5-42 反相效果

2. 阈值

"阈值"命令在"图像"|"调整"菜单项中,使用它可以把图像变成只有白色和黑色两种色调的黑白图像,甚至没有灰度,如图 5-43 所示。

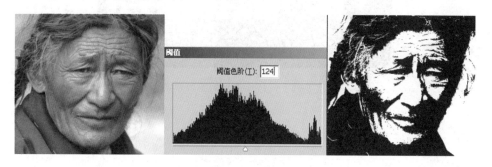

图 5-43 阈值效果

使用"阈值"命令可以指定某个色阶作为阈值,所有比阈值色阶亮的像素转换为白色,所有比阈值暗的像素转换为黑色,因而可制作具有特殊艺术效果的黑白图像效果。

实例介绍:

(1) 打开"第 5 章\图 5-44.jpg"素材文件。

(2) 执行"图像"|"调整"|"阈值"命令。

(3) 在"阈值"对话框中设置阈值色阶,单击"确定"按钮,如图 5-44 所示。

(4) 打开"第 5 章\图 5-45.psd",将处理后的图像文件拖入。

(5) 设置图层混合模式为"正片叠底",按 Ctrl+T 调整图像大小。

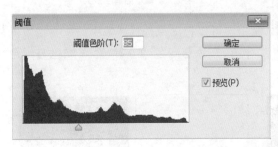

图 5-44　设置阈值色阶的效果

（6）调整文字层与该层的顺序，完成后的图像效果如图 5-45 所示。

图 5-45　阈值处理后的图像效果

3. 色调分离

"色调分离"命令在"图像"|"调整"菜单项中，它的作用与"阈值"命令类似，不过它可以指定转变的色阶数，而不像"阈值"命令那样只能将图像变成黑、白两种颜色，如图 5-46 所示。

(a) 原图　　　　　　　　(b) "色调分离"对话框　　　　　　(c) 色阶数为4

图 5-46　"色调分离"效果

5.3 图像色彩的调整

只有在对色调校正完成之后才可以准确地测定图像中色彩的色偏、不饱和与过饱和的颜色,从而进行色彩的调整。

在 Photoshop 中,大多数色彩调整命令都在"图像"|"调整"菜单项中。图像的色彩调整主要是调整图像的色彩平衡、亮度与对比度、色相与饱和度等。

5.3.1 色相/饱和度

任何色彩都有特定的色相、饱和度、亮度,我们把色彩的色相、饱和度、亮度称为色彩的三要素。在 Photoshop 中有个专门调整图像色彩三要素的命令,即"色相/饱和度"命令。该命令具有两个功能,首先可以根据全图颜色的色相和饱和度来调整图像的颜色,还可以将这种调整用于特定的颜色范围。

打开一幅图像文件后,选择"图像"|"调整"|"色相/饱和度"命令,或者按 Ctrl+U 组合键,将弹出如图 5-47 所示的"色相/饱和度"对话框。

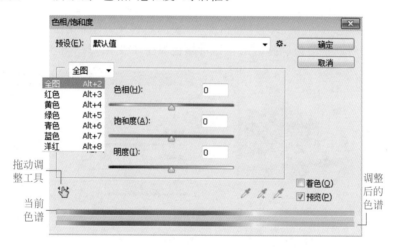

图 5-47 "色相/饱和度"对话框

◇ "全图"选项:将同时调整图像中所有的颜色。选择"红色"、"黄色"、"绿色"、"青色"、"蓝色"和"洋红"选项中的一种,仅调整图像中相应的颜色。

◇ 色相:用于调整图像的色彩。

◇ 饱和度:用于调整图像颜色的饱和度。当数值为正时,加深颜色的饱和度;当数值为负时,降低颜色的饱和度;如果数值为 100,调整的颜色将变为灰度。

◇ 明度:用于调整图像颜色的亮度。

◇ 着色:选中此复选框后,将制作一幅单色图像。

在"色相/饱和度"对话框的底部有两个色谱条,其中上面的一个表示调整前的状态,下面的一个表示调整后的状态。

下面通过"色相/饱和度"命令改变图像中某一个色调范围内的颜色。

(1)打开"第 5 章\图 5-48.jpg"文件。

（2）按 Ctrl＋U 组合键，弹出"色相/饱和度"对话框，向右移动"色相"和"饱和度"滑块，参数设置如图 5-48 所示。此时洋红色的花朵变为红色，单击"确定"按钮退出对话框。

图 5-48　"色相/饱和度"对话框参数设置

（3）用套索工具将画布中的花选取，按 Ctrl＋U 组合键再次弹出"色相/饱和度"对话框。单击"拖动调整工具"按钮 移动鼠标指针至绿色的花心处单击取样，下拉列表中的选项会自动转变为"绿色"。

（4）向左移动"色相"滑块，并将"饱和度"滑块向右移动，提高花心的饱和度，如图 5-49 所示，此时可观察到调整前与调整后的色谱带颜色发生了变化。

图 5-49　"色相/饱和度"对话框参数设置

（5）单击"确定"按钮，图像经"色相/饱和度"处理后的效果如图 5-50 所示。

(a) 原图　　　　　　　　　　　　　　(b) 调整后的效果

图 5-50　使用"色相/饱和度"命令调整图像中的颜色

如果需要单色效果的图像,选中"着色"复选框,然后调整需要的参数,即可得到单色效果图。选中"着色"复选框,如果前景色是黑色或白色,则图像会转换成红色色相,否则图像色调转换成当前前景色的色相。打开"第 5 章\图 5-51.jpg"文件,其原图为彩色图像,希望将其处理为泛黄的黑白老照片效果。设置好想要的前景色,打开"色相/饱和度"对话框,选中"着色"复选框,图像效果发生了如图 5-51 所示的变化。

图 5-51　选中"着色"复选框时处理图像的效果

5.3.2　色彩平衡

使用"色彩平衡"命令可以改变图像总体颜色的混合构成,在明暗色调中增加或减少某种颜色。使用该命令可进行一般性色彩的校正,不能像前面学习的"曲线"命令那样精确地控制单个颜色成分(单色通道),只能作用于复合颜色通道。

打开一幅图像文件,然后选择"图像"|"调整"|"色彩平衡"命令,或者按 Ctrl+B 组合键,将弹出如图 5-52 所示的"色彩平衡"对话框。

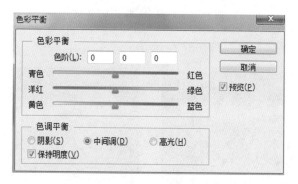

图 5-52　"色彩平衡"对话框

◇ 色阶:3 个输入文本框对应下面的 3 个滑块,可以通过输入数值或移动滑块调整色彩平衡。在输入框中输入的一100～100 之间的数值,表示颜色减少或增加的数目。

◇ 颜色调节滑块:3 个滑块是按照色彩的互补关系设置的。在调整时拖动滑块增加该颜色在图像中的比例,同时减少该颜色的补色比例,例如要减少图像中的洋红色,可以将"洋红色"滑块向"绿色"的方向拖动。

◇ 色调平衡:调整颜色前先在色调平衡区选择要调整的区域,例如"阴影"、"中间调"或"高光",然后拖动滑块,可以调整图像中这些色调区域的颜色值。

◇ "保持明度"复选框:选中后可防止图像的亮度值随着颜色的变化而变化。

"第5章\图5-53.jpg"图像是在黄昏时段拍摄的作品,色调偏暖黄色,通过"色彩平衡"调整能将其变成清晨薄雾的情景。

　　(1) 按 Ctrl＋B 组合键弹出"色彩平衡"对话框,选择"中间调"区域进行调整。通常,移动青色和蓝色滑块,增加青色和蓝色,红色和黄色就相应地减少。

　　(2) 分别选择"阴影"、"高光"区域调节滑块,如图5-53所示。

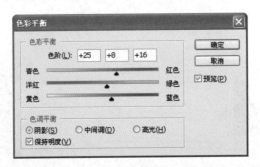

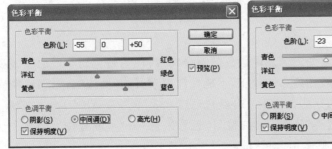
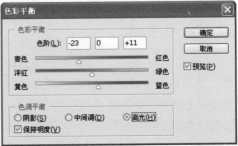

图 5-53　调整"色彩平衡"参数

　　色彩调整前后的图像效果如图5-54所示。

(a)原图　　　　　　　　　　　　　　　(b)调整后

图 5-54　使用"色彩平衡"命令调整图像

5.3.3　去色与黑白

　　"去色"命令用来将彩色图像中的颜色去除,从而将其转化为灰度图像,但在转化过程中并不改变图像的颜色模式。例如,对于一个 RGB 图像进行去色的操作,则是将彩色图像中的每个像素的红色、绿色和蓝色值都设成相等,从而使图像表现为灰度,但它实际上还是一个 RGB 图像,而不是灰度图像。"去色"操作相当于把图像的色彩饱和度降到最低。

图 5-55 所示为选择"图像"|"调整"|"去色"命令（快捷键为 Ctrl＋Shift＋U）后得到的灰度图像效果。

(a) 原图　　　　　　　　(b) 经"去色"处理后的效果

图 5-55　"去色"处理效果

使用"黑白"命令除了可以将彩色图像转换为灰度图像外，还可以为灰度图像添加单色调。对于如图 5-56 所示的彩色照片，进行如图 5-57 所示的"黑白"对话框设置，并选中"色调"复选框，能改变单色调的色相和饱和度，最终调整为如图 5-58 所示的单色调图像效果。

 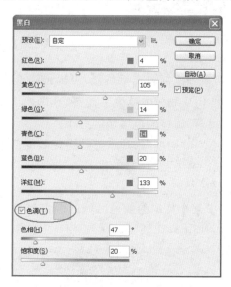 

图 5-56　原图　　　　　图 5-57　"黑白"对话框　　　　图 5-58　单色调图像

5.3.4　替换颜色

使用"替换颜色"命令可以在图像中选定某颜色范围，然后替换其中的颜色。类似于先使用"色彩范围"命令做选区，然后使用"色相/饱和度"命令调整该区域中的色相、饱和度和明度。

（1）打开"第 5 章\图 5-59.jpg"文件，如图 5-59 所示，然后选择"图像"|"调整"|"替换颜色"命令，弹出"替换颜色"对话框。

（2）选中"本地化颜色簇"复选框，单击对话框中的吸管按钮 ✎，鼠标指针变成吸管形状，将鼠标指针移到图像中要替换颜色的区域内单击，在选区颜色范围预览框中，白色区域为选中的区域，黑色区域为被保护区域，如图 5-60 所示。

图 5-59　原素材图　　　　　　　　　图 5-60　"替换颜色"对话框

（3）按住 Shift 键不放切换到添加取样工具 ✎，可以再添加其他需要选择的颜色。

（4）按住 Alt 键不放切换到从取样中减去工具 ✎，在图像中单击需要去除的颜色。

（5）拖动"颜色容差"滑块，可调整颜色区域的大小。

（6）拖动"色相"、"饱和度"和"明度"滑块调整选中区域的颜色，如图 5-60 所示。

（7）用户也可以通过双击"结果"颜色显示框打开"拾色器"对话框，在该对话框中选择另一种颜色作为更改后的颜色。

经过调整轻易地将图像中某个特定的颜色区域的颜色替换成了另外一种颜色，而其他区域中的颜色丝毫不受影响，如图 5-61 所示。

图 5-61　"替换颜色"后的效果

5.3.5　可选颜色

　　"可选颜色"命令用于调整单个颜色分量的印刷数量,是针对 CMYK 模式的图像颜色的调整,所以颜色参数为青色、洋红、黄色与黑色。当选择的颜色中包含颜色参数中的某些颜色时,增加或减少参数时就会发生较大的改变。"可选颜色"命令同样可以对 RGB 色彩模式的图像进行分通道校色,有选择性地对图像中的某一色调进行色彩平衡调节。

　　打开"第 5 章\图 5-62.jpg"文件,通过"可选颜色"命令显著地减少青色、绿色成分,从而增加黄色和红色成分,但天空中蓝色成分中的青色被保留,调整后的照片中将草原变成了秋天的景色,效果如图 5-62 所示。

(a) 原图　　　　　　　　(b) "可选颜色" 操作效果

图 5-62　使用"可选颜色"命令操作前后的效果

　　具体操作如下:

　　(1) 首先对原图像的色调进行调整,按 Ctrl＋M 组合键执行"曲线"命令将原图稍微提亮。

　　(2) 选择"图像"|"调整"|"可选颜色"命令,弹出"可选颜色"对话框,在"颜色"下拉列表框中选择需要修改的颜色,在调整过程中将改变该颜色中各颜色的比重。由于此例要减少草原中的青色、绿色,所以在"颜色"下拉列表框中分别选择"红色"、"黄色"和"绿色"选项,将这 3 个颜色中的青、绿色的成分降下来,增加黄色与红色的比例,参数设置如图 5-63 所示。

图 5-63　"可选颜色"参数设置

（3）接下来调整天空中蓝色调的颜色比例，增加青色、蓝色的成分，降低黄色、洋红色的比例，使天空看上去更蓝。再次选择"图像"|"调整"|"可选颜色"命令，在弹出的对话框中设置参数如图 5-64 所示。

图 5-64　"可选颜色"参数设置

5.3.6　照片滤镜

专业的摄影师为了营造特殊的色彩氛围，在拍摄时会在镜头前加装有色的滤光镜，"照片滤镜"命令相当于这些滤光镜的作用，能够达到改变色温或调节色彩平衡的目的。

打开"第 5 章\图 5-65.jpg"，为了营造特殊的意境分别添加两种滤镜来查看不同的效果。选择"图像"|"调整"|"照片滤镜"命令，在弹出的对话框中选中"滤镜"单选按钮，在对应的下拉列表中选择"深红"，并移动"浓度"滑块，效果如图 5-65 所示。

图 5-65　"照片滤镜"效果

在弹出的对话框中选中"颜色"单选按钮，单击颜色块打开拾色器，选取青色并移动"浓度"滑块，添加冷色调效果，如图 5-66 所示。

5.3.7　匹配颜色

使用"匹配颜色"命令可以将源图像的颜色与目标图像的颜色进行匹配，也可以在同一图像中对不同图层间的颜色进行匹配。

打开"第 5 章\图 5-67.jpg"图像，在拍摄时由于进光量的原因造成小女孩皮肤呈暗红色

图 5-66　添加冷色调效果

调,为了提亮皮肤的颜色,可以找一张高调或蓝色调图片进行颜色的匹配,从而改善小女孩的皮肤颜色。

　　操作过程如下:

　　(1) 打开另一素材"第 5 章\图 5-5.jpg"(读者也可以打开"第 5 章\图 5-44.jpg"尝试)。

　　(2) 在"第 5 章\图 5-67.jpg"图像文档窗口中选择"图像"|"调整"|"匹配颜色"命令,弹出"匹配颜色"对话框,如图 5-67 所示,此时目标图像显示为图 5-67.jpg。

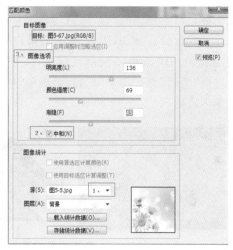

图 5-67　"匹配颜色"对话框

　　(3) 在"源"下拉列表中找到"图 5-5.jpg",该下拉列表用于选择要用来匹配颜色的源图像以及设置源图像的相关选项。

　　(4) 选中"中和"复选框,能消除图像中的偏色现象。

　　(5) 向右移动"图像选项"中的"渐隐"滑块。该选项决定有多少源图像的颜色匹配到目标图像中,数值越低,应用到目标图像中的颜色越多,反之,匹配到目标图像中的颜色越少。通俗地说,就是消退匹配效果,当数值为 100 时全部消除匹配颜色效果。

　　(6) 最后移动"明亮度"、"颜色强度"滑块。颜色强度主要用于影响图像的饱和度,数值越大,混合后的饱和度越高。

操作前后的图像效果对比如图 5-68 所示。

(a) 原图　　　　　　　　　　　　(b) "匹配颜色"操作效果

图 5-68　"匹配颜色"前后的图像效果

5.4　颜色信息通道的应用

5.4.1　颜色信息通道

在 Photoshop 中,颜色通道主要用来保存图像的颜色信息。颜色信息通道是在打开新图像文件时自动创建的,在"通道"面板中可以看到图像的颜色信息,图像的颜色模式决定了颜色通道的数目。例如,RGB 模式图像共有 4 个默认的通道,3 个颜色通道分别存放 R(红色)、G(绿色)、B(蓝色)3 种颜色信息,另外还有一个用于编辑图像的复合通道——RGB。

选择"编辑"|"首选项"|"界面"命令,然后选中"用彩色显示通道"复选框,就可以以原色显示单色通道,如图 5-69 所示。

图 5-69　RGB 通道示意图

在默认情况下,"通道"面板中的单色通道以灰度表示,而灰度图的不同灰阶值记录了红、绿、蓝 3 种颜色在图像中的比重。通道中的纯白代表了该色光在此处为最高亮度,亮度级别是 255;通道中的纯黑代表了该色光在此处完全不发光,亮度级别是 0;介于纯黑、纯白之间的灰度代表了不同的发光程度,亮度级别介于 1~254 之间。某个通道的灰度图像中的明暗表达出该色光在整体图像上的分布情况。某单色通道中的灰度越偏白,表示该色光的亮度值越高,越偏黑,表示亮度值越低。

这里以图 5-70 为例,分别打开"通道"面板中的 R 通道、B 通道,观察两张灰度图像的亮度。在红通道中气球的颜色红色信息所占的比例大,所以灰度值在这里较亮;在天空部位红色信息较少,所以灰度值偏黑,如图 5-71 所示。

图 5-70　示例图

图 5-71　红通道灰度图

在蓝通道中天空部位的灰度值亮度很高,说明蓝色成分的比例较大,如图 5-72 所示。由此我们了解到所谓的颜色信息通道其实质就是保存图像的颜色信息。

图 5-72　蓝通道灰度图

5.4.2　通道调色

在了解单色通道灰度图的不同灰阶值的含义之后,就可以利用它进行调色操作了。打开"第 5 章\图 5-73.jpg",可见该图像的白平衡出现了严重的问题,图片偏青色。打开"通道"面板分别观察红、蓝通道的灰度图,可以看到红通道偏暗,说明红色所占的比重少,而闽南地区的房子的特色就是红色;蓝通道发白说明蓝色所占的比重过大,如图 5-73 所示。

(1) 首先对蓝通道的色阶值做调整,单击蓝通道将其选中,为了便于观察,单击 RGB 复合通道的 ◉ 按钮。按 Ctrl+M 组合键打开"曲线"对话框,向下压曲线以降低蓝通道的色阶,如图 5-74 所示。

(2) 选中红通道,打开"曲线"对话框,向上拉曲线以提高红通道的色阶。由于红通道灰度图像中色阶的最大值处是天空部位,因此将色阶值 255 处的曲线向下压,这里不需要提高红信息的色阶值,如图 5-75 所示。

(a) 红通道

(b) 蓝通道

图 5-73　红、蓝单色通道灰度图

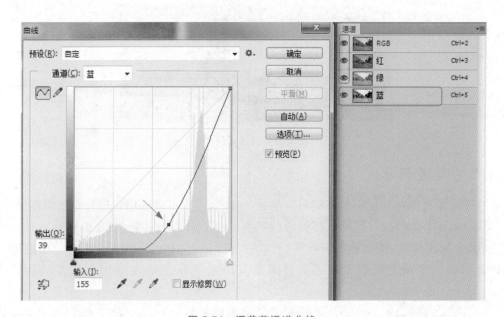

图 5-74　调节蓝通道曲线

（3）选中绿通道,在曲线中做一个小的调整,降低绿色成分比例加大洋红成分,这样天空的蓝就不会偏青色,如图 5-76 所示。

（4）最后对天空的蓝再做一次曲线调整,如图 5-77 所示。

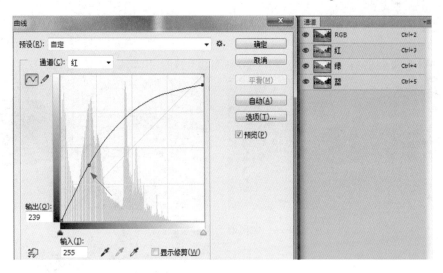

图 5-75　调节红通道曲线

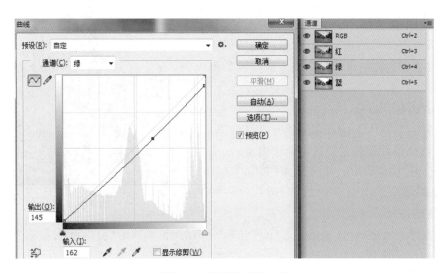

图 5-76　调节绿通道曲线

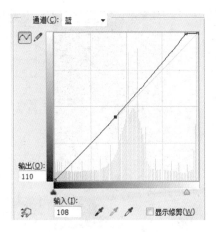

图 5-77　调节蓝通道曲线

通过上面的操作改变各单色通道的灰阶值后偏色情况得到改善,调节前后的效果如图 5-78 所示。

图 5-78　使用通道调色前后的效果

5.4.3　通道抠图

在第 4 章中学习了使用 Alpha 通道创建、存放和编辑选区。同样,在 Alpha 通道中能使用"色阶"、"曲线"命令调整图像的暗调、中间调和高光调的强度级别,从而改变灰度值的黑白对比度来获取我们需要的选区。

1. 头发的抠取

打开"第 5 章\图 5-79.jpg"文件,如图 5-79 所示,本例学习使用通道将散乱的头发抠选出来。

（1）打开"通道"面板,首先观察"红"、"绿"、"蓝"3 个通道,找出头发与背景的黑、白颜色反差大的通道,显然这里的"蓝"通道比较符合要求。

图 5-79　素材图

（2）选择蓝通道,按住鼠标左键将其拖向"通道"面板底部的"创建新通道"按钮 复制蓝通道,得到"蓝拷贝"Alpha 通道。

（3）按 Ctrl＋I 组合键执行"反相"命令,得到如图 5-80 所示的效果。

图 5-80　"蓝拷贝"通道反相后的效果

（4）按 Ctrl＋M 组合键执行"曲线"命令，在弹出的"曲线"对话框中调节曲线，加大头发与背景的颜色对比，如图 5-81 所示。

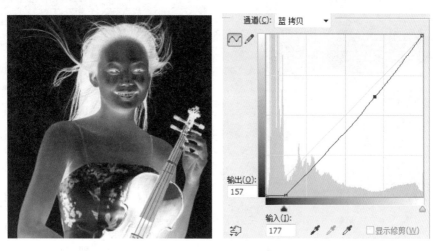

图 5-81　调整"曲线"后的效果

（5）用减淡工具 在选项栏中设置 范围：高光 ◆ 曝光度：49% ▼ ，在发丝上涂抹，增加头发的亮度，然后按住 Ctrl 键单击"蓝拷贝"通道的缩览图将选区载入。

（6）单击 RGB 复合通道，返回"图层"面板，按 Ctrl＋J 组合键将选取的内容（头发）复制到新层。如果感觉复制过来的颜色较浅，还可以再复制一层，得到如图 5-82 所示的效果。

图 5-82　用通道选区抠取的头发

（7）用钢笔工具 沿人物勾勒路径，然后按 Ctrl＋Enter 组合键将路径转换为选区。

（8）按 Ctrl＋J 组合键，在背景层把选区的内容复制到新层，如图 5-83 所示。

（9）隐藏背景层，按 Ctrl＋Shift＋E 组合键合并可见层，得到"图层 1 拷贝"层。

（10）打开"第 5 章\图 5-84.jpg"素材文件，用移动工具将"图层 1 拷贝"层拖入其中，为人物换背景成功，最终效果如图 5-84 所示。

图 5-83　将选取的人物复制到新层

图 5-84　最终效果

2. 透明物体的抠取

所谓透明,在单色通道灰度图中其实就是黑色,色阶值越高灰度越亮,透明度越低,利用通道的这个原理可以把透明的东西抠取出来。

(1) 打开"第 5 章\图 5-85.jpg"素材图像,用椭圆选框工具将球选出。

(2) 打开"通道"面板,单击"将选区存储为通道"按钮 ▣,得到 Alpha1 通道。

(3) 单击 RGB 复合通道返回"图层"面板,用快速选择工具 ▨ 将水晶下面的底座选取。

(4) 打开"通道"面板,单击"将选区存储为通道"按钮 ▣,得到 Alpha2 通道。

(5) 按住 Ctrl 键单击 Alpha1 通道缩览图,再按住 Shift 键单击 Alpha2 通道缩览图,将两个通道选区载入,单击"将选区存储为通道"按钮 ▣,得到 Alpha3 通道,如图 5-85 所示。

(6) 分别观察红、绿、蓝 3 个通道,发现红通道的透明度最高,蓝通道的透明度最低,如图 5-86 所示,复制红通道得到"红拷贝"Alpha 通道。

(7) 载入 Alpha3 通道,按 Ctrl+Shift+I 组合键反选,用黑色填充"红拷贝"通道后取消选区。

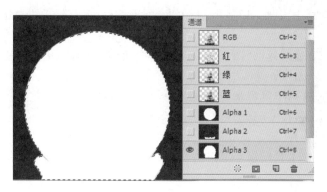

图 5-85 将选区存储为通道

(a) 红通道

(b) 蓝通道

图 5-86 两通道的灰度对比

（8）选择加深工具 ，设置选项栏中的范围为"阴影"、曝光度为 8％，在需要透明的位置涂抹，加强透明效果，如图 5-87 所示。

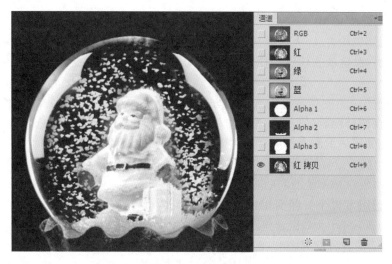

图 5-87 使用加深工具处理"红拷贝"通道

（9）按 Ctrl 键单击"红拷贝"通道,载入选区,再按住 Shift 键单击 Alpha2 将底座的选区也加入。

（10）单击 RGB 通道返回"图层"面板,将选取内容按 Ctrl＋J 组合键复制到新层,得到图层 1。

（11）使用快速选择工具将圣诞老人选中,复制到新层,得到图层 2。

（12）隐藏背景层,按 Ctrl＋Shift＋E 组合键合并可见层。

（13）打开素材文件"第 5 章\图 5-88.jpg",将抠取的水晶球拖入其中。

（14）用椭圆选框工具绘制水晶球大小的圆选区,对背景人物做高斯模糊处理,效果如图 5-88 所示。

(a) 原图　　　　　　　　　　(b) 合成图

图 5-88　抠取水晶球合成效果

5.5　色彩调整应用实例

综上所述,Photoshop 的"图像"|"调整"菜单下虽然有众多的色彩色调调整命令,但对于图片的编修还需学会色阶的分析、色偏的辨识与如何润饰色彩,通过多看、多练才能准确地用好各项调整命令。

5.5.1　风光照片的色彩修整

随着数码相机的普及,人人都成了摄影师,但照片出来后的效果却不尽人意。如果希望自己拍出来的作品也能有较佳的视觉感受,则必须使用本章学习的色彩色调调整命令做后期处理。

后期处理的一般流程是首先查看直方图观察图像的色调是否正常,通过"曲线"或"色阶"命令调整色调后再通过"色相/饱和度"、"色彩平衡"、"可选颜色"等色彩命令进行修饰,最后进行锐化处理。下面通过一个实例讲解数码照片的润色过程。

（1）打开"第 5 章\图 5-89.jpg"素材图像,如图 5-89 所示,该照片的直方图的暗场与亮场信息缺失,呈现对比不足的问题。

（2）按 Ctrl＋Shift＋L 组合键执行"自动色调"命令。

（3）按 Ctrl＋Shift＋B 组合键执行"自动颜色"命令。

（4）调整后的直方图如图 5-90 所示,暗场向左移动得到恢复,亮场损失部分信息。

（5）按 Ctrl＋L 组合键打开"色阶"对话框,将亮场滑块、灰场滑块向左移动,如图 5-91 所示。

图 5-89　原图

（6）调整后的直方图显示信息的动态分布涵盖了亮场与暗场，高光区有部分细节缺失，如图 5-92 所示。

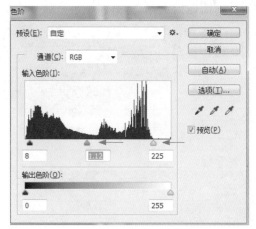

图 5-90　暗场正常　　　　图 5-91　"色阶"对话框　　　　图 5-92　正态分布的信息

（7）按 Ctrl＋U 组合键执行"色相/饱和度"命令，单击拖动调整工具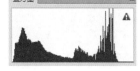，在图像中的树上按住鼠标左键向右拖动，加大黄色的饱和度，在天空中按住鼠标左键向右拖，增大蓝色的饱和度，如图 5-93 所示。

（8）选择"滤镜"|"锐化"|"USM 锐化"命令，经过调整后的照片效果如图 5-94 所示。

5.5.2　人像照片的后期润饰

打开"第 5 章\图 5-95.jpg"素材，如图 5-95 所示。本例通过"曲线"、"色相/饱和度"等命令对照片的色彩进行后期润饰。

（1）选择套索工具，设置羽化值为"25"，将右上角的树枝选出。

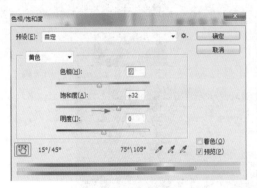

图 5-93 "色相/饱和度"对话框

图 5-94 修饰后的图片效果

图 5-95 原片

（2）按 Ctrl＋U 组合键打开"色相/饱和度"对话框，激活拖动调整工具 ，在树叶上单击后移动"色相"滑块，将树叶转换成红色，具体参数设置如图 5-96 所示。

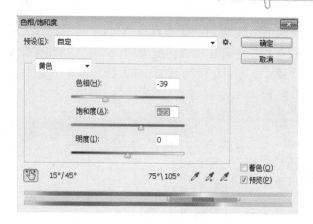

图 5-96 "色相/饱和度"对话框

（3）再次按 Ctrl＋U 组合键打开"色相/饱和度"对话框，对部分没有变色的叶子调整，这里设置色相为"－15"、饱和度为"4"，效果如图 5-97 所示。

图 5-97 应用"色相/饱和度"后的效果

（4）按 Ctrl＋M 组合键打开"曲线"对话框，分别对 RGB、绿通道、蓝通道进行调整，将背景颜色提亮，并增加绿和蓝的颜色比例，如图 5-98 所示。

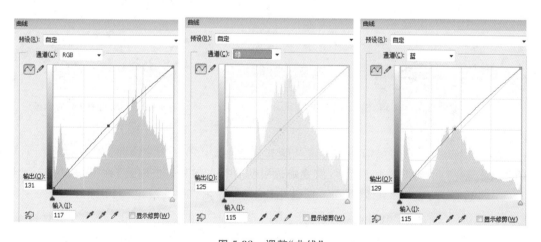

图 5-98 调整"曲线"

（5）选择历史记录画笔工具 ，在"历史记录"面板中将"设置历史记录画笔的源"放在"色相/饱和度"上，并在选项栏中设置不透明度为40%，在人物和树叶处涂抹。

（6）选择套索工具 ，设置羽化值为"20"，将人物的嘴唇选出。按 Ctrl＋U 组合键打开"色相/饱和度"对话框，按图5-99所示移动"色相"和"饱和度"滑块，提高红色的饱和度。

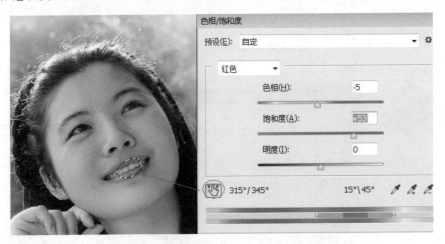

图5-99　通过"色相/饱和度"调整嘴唇的颜色

（7）选择套索工具 ，设置羽化值为"20"，将人物的脸颊选出。按 Ctrl＋U 组合键打开"色相/饱和度"对话框，按图5-100所示移动"色相"和"饱和度"滑块，增加腮红。

（8）选择"滤镜"|"模糊"|"动感模糊"命令，设置参数如图5-101所示。

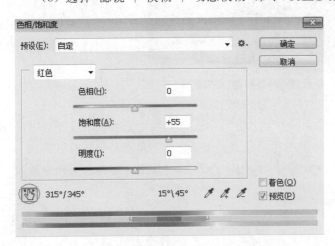

图5-100　"色相/饱和度"对话框

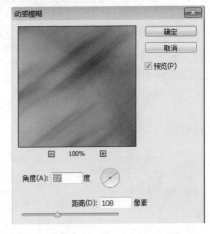

图5-101　"动感模糊"对话框

（9）选择历史记录画笔工具 ，在"历史记录"面板中将"设置历史记录画笔的源"放在"色相/饱和度"上，如图5-102所示，设置好透明度后将人物和树枝擦除。

（10）选择"滤镜"|"锐化"|"智能锐化"命令，弹出"智能锐化"对话框，如图5-103所示。

（11）调整参数，图像效果如图5-104所示。

图 5-102　"历史记录"面板

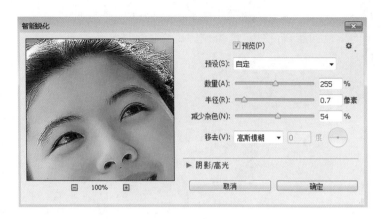

图 5-103　"智能锐化"对话框

图 5-104　最终效果

课后习题

1. "第 5 章\图 5-105.jpg"文件属曝光不正常的图像,综合色调调整命令和色彩调整命令对图像进行调整,如图 5-105 所示。

(a) 原图

(b) 调整后的效果

图 5-105　第 1 题

2. 打开"第 5 章\图 5-106.jpg"文件,使用"色阶"的重定义黑场与白场吸管工具纠正原片的偏色问题,再使用"色相/饱和度"命令进一步改善,如图 5-106 所示。

(a)原图　　　　　　　　　　　　　　(b)效果

图 5-106　第 2 题

3. 打开"第 5 章\图 5-107.jpg"文件,使用"曲线"命令提高原图的对比度,如图 5-107 所示。

(a)原图　　　　　　　　　　　　　　(b)效果

图 5-107　第 3 题

4. 打开"第 5 章\图 5-108.jpg"文件,这是夏天的九寨沟风景,使用"色相/饱和度"命令进行调色操作,调出秋天的九寨沟美景,如图 5-108 所示。

(a)图像文件　　　　　　　　　　　　(b)效果图

图 5-108　第 4 题

5. 打开"第 5 章\图 5-109.jpg"文件,使用色彩平衡制作如图 5-109 所示的效果。

(a) 原图　　　　　　　　　　　　　　(b) 效果图

图 5-109　第 5 题

6. 色调与色彩练习。打开"第 5 章\图 5-110.jpg"文件,通过"曲线"、"色相/饱和度"等命令调出亮丽的色彩,如图 5-110 所示。

(a) 原图　　　　　　　　　　　　　　(b) 效果图

图 5-110　第 6 题

第**6**章

图层

图层是 Photoshop 图像处理软件最大的特色之一,所有的图像编辑操作都是通过图层完成的。第 2 章介绍了图层的基础知识与操作,本章将重点介绍使用图层对图像进行合成与编辑等高级操作技巧。

6.1 图层应用

6.1.1 图像的复制

对于图层的复制,Photoshop 还在"图层"|"新建"菜单项中提供了"通过拷贝的图层"和"通过剪切的图层"命令,如图 6-1 所示。

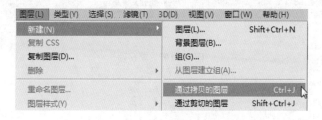

图 6-1 "图层"|"新建"菜单项

使用"通过拷贝的图层"命令可以将选中范围的图像复制后粘贴到新的图层中,并按新的图层顺序命名,此命令的快捷键为 Ctrl+J。

使用"通过剪切的图层"命令可以将选中范围的图像剪切后粘贴到新的图层中,并按新的图层顺序命名,此命令的快捷键为 Ctrl+Shift+J。

(1)打开"第 6 章\图 6-2.jpg"文件,使用选择工具将人物选中,如图 6-2 所示。

(2)选择"图层"|"新建"|"通过拷贝的图层"命令,或按 Ctrl+J 组合键,将选中的人物复制到新的一层,系统自动命名为"图层 1"。

(3)复制背景层,置入"第 6 章\图 6-3.jpg"文件,"图层"面板如图 6-3 所示。

(4)使用选框工具在"背景拷贝"层的上部绘制矩形选区,按 Delete 键将选取的像素删除。

(5)继续在图像右侧做矩形选区,按 Delete 键删除选取的图像,如图 6-4 所示。

(6)按住 Shift 键将"图层 1"和"背景拷贝"层同时选中。

图 6-2 选取对象

图 6-3 "图层"面板

图 6-4 删除选区内的图像

（7）按 Ctrl＋T 组合键调整方向和大小，如图 6-5 所示。

图 6-5 调整图像的方向

（8）载入"背景拷贝"层的选区，选择"编辑"|"描边"命令，在弹出的对话框中按图6-6所示设置参数。

（9）选中"图层1"，按 Ctrl＋E 组合键向下合并"背景拷贝"层。

（10）载入"图层1"的选区，按住 Ctrl 键单击"创建新图层"按钮 ▣。

（11）在"图层1"下方新建图层，并填充黑色制作照片投影。

（12）对"图层2"执行"滤镜"|"模糊"|"高斯模糊"，图像合成效果如图6-7所示。

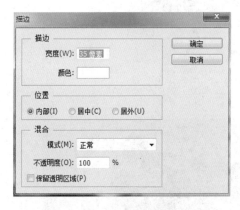

图6-6　描边选区

图6-7　图像合成效果

6.1.2　图层的排列顺序

对于一幅图像而言，各个图层有一个从前到后的排列顺序，上层图层中的图像总是会遮盖下一图层中的图像，修改各个图层的顺序，整个图像的效果也会跟着改变。

"图层"面板中从上到下的顺序显示的是从外到里的排列效果，在编辑图像时只要将鼠标指针移到要调整次序的图层上，拖动该图层到适当的位置即可。

此外，用户也可以使用"图层"|"排列"命令来调整图层的顺序（如图6-8所示）。在选择此命令之前，需要先选定图层。如果图像中含有背景图层，则即使执行了"置为底层"命令，该图层的图像仍然只能在背景图层之上。

图6-8　排列图层菜单

下面通过一个实例来介绍调整图层顺序的操作。

（1）分别打开"第6章\图6-9.jpg"和"第6章\图6-10.jpg"两个文件，如图6-9和图6-10所示。在这个实例中要将"图6-9.jpg"中的兔子放进"图6-10.jpg"的篮子内。

（2）选择快速选择工具 ，设置适当的笔尖大小，沿兔子涂抹创建如图6-11所示的选区，并按 Ctrl＋J 组合键将选取内容复制到新层。

（3）选择背景橡皮擦工具 ，单击"设置前景色"图标，打开拾色器用吸管在地板边缘的兔子毛发处吸取颜色，然后在工具选项栏中选中"保护前景色"复选框，其他参数设置如图6-12所示。

（4）单击"背景"图层缩略图前面的眼睛图标 隐藏"背景"图层，然后使用背景橡皮擦工具 擦去地板，再使用橡皮擦工具 把地板缝擦除，如图6-13所示。

图 6-9 "图 6-9.jpg"文件

图 6-10 "图 6-10.jpg"文件

图 6-11 将选出的对象复制到新层

图 6-12 工具选项栏设置

图 6-13 擦除地板像素

（5）打开"第 6 章\图 6-10.jpg"文件，将抠出的兔子拖入其中，如图 6-14 所示。

图 6-14　将选出的兔子拖入另一个图像中

（6）单击"图层 1"缩略图前面的眼睛图标 将"图层 1"隐藏，然后使用多边形套索工具 将篮子的前半边套选出来，如图 6-15 所示。

图 6-15　使用套索工具做篮子前部的选区

（7）按 Ctrl＋J 组合键将选取的图像复制到新层，系统自动命名为"图层 2"，然后单击"图层 1"缩略图前面的眼睛图标 显示"图层 1"，如图 6-16 所示。

图 6-16　复制到新层的"图层 2"

（8）用鼠标左键按住"图层 2"向"图层 1"上方拖动，调换两层的上下次序，从而得到把兔子放进篮内的效果，如图 6-17 所示。

图 6-17 调整图层的顺序

6.1.3 制作招贴画

通过本例学习如何使用图层进行图像的合成。

（1）新建 1000×720 像素的文档，选择渐变工具 ▭。

（2）设置前景色为"♯fd6602"、背景色为"♯f6e087"，线性渐变填充背景层。

（3）新建图层，用矩形选框工具绘制多条宽度不等的矩形，如图 6-18 所示。

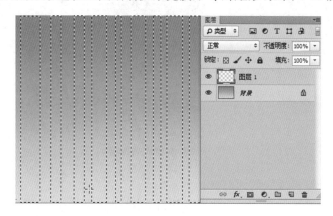

图 6-18 绘制矩形选区

（4）填充任意颜色，然后选择"滤镜"|"扭曲"|"极坐标"命令，设置参数如图 6-19 所示。

（5）按 Ctrl+T 组合键调整图像的大小和位置，如图 6-20 所示。

（6）选择"滤镜"|"模糊"|"高斯模糊"命令，在弹出的对话框中设置半径为 10 像素。

（7）单击"图层"面板中的"锁定透明像素"按钮 ▦，用红至黄做线性渐变填充，如图 6-21 所示。

（8）拖入"第 6 章\图 6-22.psd"素材，按 Ctrl+J 组合键复制一层。

（9）用多边形套索工具选取其中的两个人，按

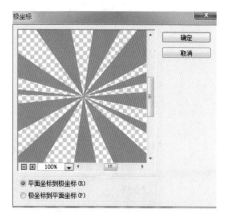

图 6-19 "极坐标"对话框

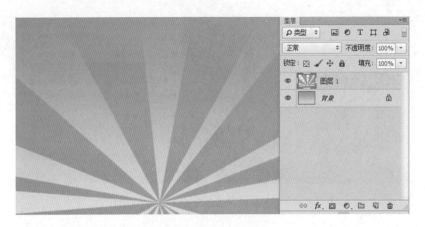

图 6-20　调整大小和位置

图 6-21　渐变填充图层

Ctrl＋Shift＋J 组合键将选取的内容剪切到新层。

（10）摆放至适当的位置，然后对拷贝层和剪切层分别设置不同的透明度，如图 6-22 所示。

图 6-22　设置各层的透明度

（11）新建"图层 3"，选择画笔工具 ，然后按 F5 键打开"画笔"面板，选择 Grass 画笔绘制小草，并调整各层的人物和透明度，宣传招贴画的效果如图 6-23 所示。

图 6-23　招贴画的效果

6.2　图层样式

使用图层样式命令能够使图层上的图像产生许多特殊的效果，例如投影、外发光、内发光、斜面和浮雕、图案叠加等，这些效果在实际的图像处理中经常会用到。

图层样式是通过对"图层样式"对话框进行设置使图像产生特殊效果的，在"图层样式"对话框中，不同的效果有着不同的参数设置。

图层样式能够应用于普通图层、形状图层、文字图层，但不能应用于背景图层。

6.2.1　添加图层样式

选择"图层"|"图层样式"命令，或单击"图层"面板下方的 fx 按钮，在弹出的菜单中（如图 6-24 所示）选择要添加的效果名称，就可以打开"图层样式"对话框，如图 6-25 所示。在该对话框设置图层样式参数，效果满意后单击 `确定` 按钮退出。

图 6-24　"图层样式"菜单

添加图层样式后，在"图层"面板的图层名称右边会出现 fx 标记，单击标记旁的三角按钮可以展开样式名称，如图 6-26 所示，再次单击三角按钮又可将样式名称折叠起来，如图 6-27 所示。

6.2.2　"混合选项"面板

在默认情况下，打开"图层样式"对话框后就是"混合选项"面板，在这里可以对图层的混合模式、不透明度、混合颜色等参数进行设置。

（1）打开"第 6 章\图 6-28.jpg"夜景素材图。

（2）拖入"图 6-29a.jpg"、"图 6-29b.jpg"烟火素材。

（3）单击"图层"面板下方的"添加图层样式"按钮 fx。

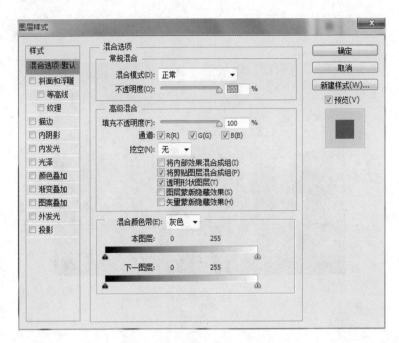

图 6-25   "图层样式"对话框

图 6-26   展开图层样式

图 6-27   折叠图层样式

（4）在打开的图层样式菜单中选择"混合选项"命令，在弹出的"图层样式"对话框中设置"混合颜色带"。

（5）按住 Alt 键拖曳滑块 ，如图 6-28 所示，合成的烟火夜景如图 6-29 所示。

6.2.3 "投影"面板

打开"图层样式"对话框后选择左侧样式列表中的"投影"复选框，并单击该选项便可切换到"投影"面板，对当前图层中对象的投影进行设置。

（1）打开"第 6 章\图 6-30.jpg"文件，在"图层"面板上用鼠标按住背景层缩略图拖向面板下方的"创建新图层"按钮 ，复制背景层，并将该层设为隐藏。

（2）将背景层用白色填充，然后用"云彩"和"马赛克拼贴"滤镜制作如图 6-30 所示的底纹效果。此过程为衬托层的制作，可随意创作。

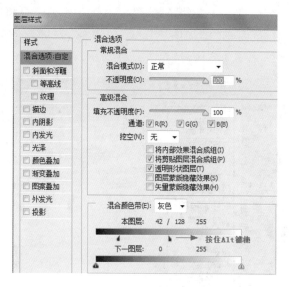

图 6-28　混合选项面板

图 6-29　烟火效果

图 6-30　制作底纹效果

（3）显示"背景副本"层，以该层为当前操作层，按 Ctrl＋T 组合键把图像缩小。

（4）单击"图层"面板底部的"添加图层样式"按钮 **fx**，在弹出的菜单中选择"描边"命令，设置描边颜色为白色、大小为 8 像素，如图 6-31 所示。

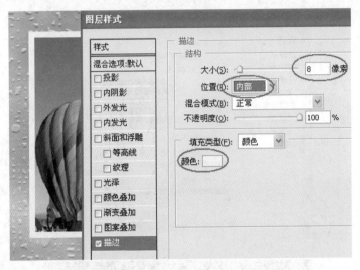

图 6-31　在"图层样式"对话框中设置描边

（5）选择"滤镜"|"扭曲"|"切变"命令，弹出对话框进行设置，如图 6-32 所示。

图 6-32　"切变"滤镜操作

（6）单击"图层"面板底部的"添加图层样式"按钮 **fx**，在弹出的菜单中选择"投影"命令，参数使用默认值。在图层缩略图旁的 **fx** 图标上右击，在弹出的快捷菜单中选择"创建图层"命令，如图 6-33 所示，将图层样式和图像拆分成 3 个图层。

（7）将"'背景副本'的内描边"图层和"背景副本"图层合并。

（8）单击"'背景副本'的投影"图层，使其为当前工作层，按 Ctrl＋T 组合键调出自由变换控制框，然后右击，在快捷菜单中选择"水平翻转"命令，适当调整好阴影的位置，最终的卷角效果就出来了，如图 6-34 所示。

图 6-33 将图层样式拆成 3 个图层

图 6-34 页面卷角效果

6.2.4 "外发光"与"内发光"面板

"外发光"效果可以在图像边缘产生光晕;"内发光"则在图像内部产生光晕效果。

(1) 新建 Photoshop 文档,用黑色填充背景层。

(2) 用文字工具 T 书写白色的"Love"文字,并将文字层的"填充"设置为 0。

(3) 单击"图层"面板底部的"添加图层样式"按钮 fx,在弹出的菜单中选择"外发光"命令,按图 6-35 所示设置外发光参数。

(4) 单击"图层样式"对话框左侧的"内发光"并选中复选框,按图 6-36 所示设置参数。

(5) 在文字层的面板上右击图层样式 fx 标志,在弹出的快捷菜单中选择"缩放效果"命令,设置缩放参数为 98%,如图 6-37 所示。

(6) 选择多边形工具,按图 6-38 所示设置选项栏,然后绘制星光形状。

(7) 按住 Alt 键拖动文字层的 fx 标志到星光层,复制图层样式。

(8) 再新建几个图层绘制不同大小的星光,按上述方法添加外发光、内发光样式,最终的文字效果如图 6-39 所示。

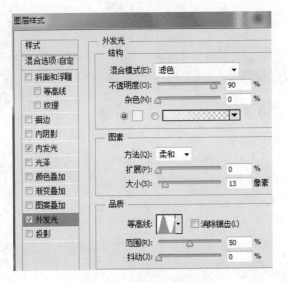

图 6-35 "外发光"面板

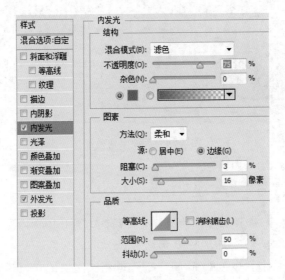

图 6-36 "内发光"面板

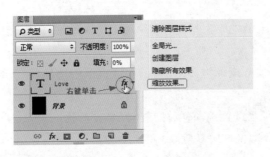

图 6-37 缩放效果

图 6-38 设置多边形绘制星光

图 6-39 文字发光效果

6.2.5 "斜面和浮雕"面板

"斜面和浮雕"可用于制作各种凸出或凹陷的浮雕效果。

（1）打开"第 6 章\图 6-40.psd"文件，选中背景层。

（2）用文字蒙版工具 书写文字选区，然后变换选区大小并调整位置。

（3）按 Ctrl+J 组合键将选区内容复制到新层。

（4）单击"图层"面板底部的"添加图层样式"按钮 ，在弹出的菜单中选择"斜面和浮雕"命令，按图 6-40 所示设置斜面和浮雕参数。

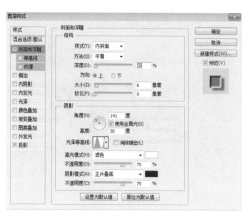 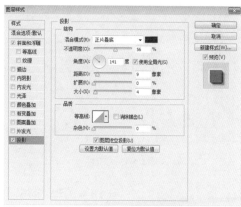

图 6-40 设置图层样式

（5）单击"图层样式"对话框左侧的"投影"并选中复选框，按图 6-40 所示设置参数。制作完成的文字浮雕效果如图 6-41 所示。

图 6-41 斜面和浮雕效果

6.2.6 "渐变叠加"面板

"渐变叠加"命令能够使图像产生渐变叠加效果。

（1）新建 Photoshop 图像文档，然后新建图层 1。

（2）选择自定形状工具 ，设置工具模式为"像素"，绘制蝴蝶形状。

（3）单击"图层"面板底部的"添加图层样式"按钮 *fx* ，在弹出的菜单中选择"渐变叠加"命令，然后单击"渐变"，打开"渐变编辑器"，按图 6-42 所示设置渐变叠加参数。

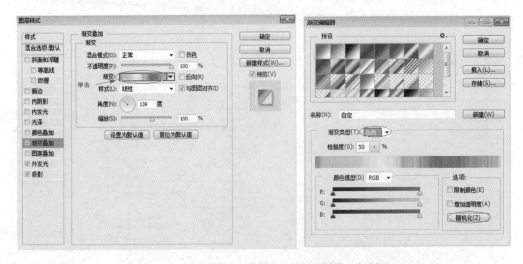

图 6-42 "渐变叠加"面板和"渐变编辑器"对话框

（4）继续设置"投影"、"外发光"图层样式，最终效果如图 6-43 所示。

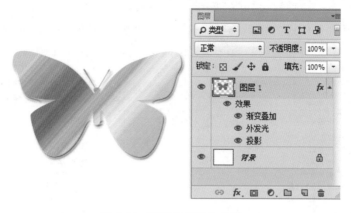

图 6-43 渐变叠加图像效果

6.3 图层样式的编辑

用户在对图层样式了解后,还有必要掌握图层样式的编辑操作。图层样式可以复制、粘贴,也可以修改、隐藏、清除。

6.3.1 复制、粘贴图层样式

如果要在多个图层中应用相同的效果,最便捷的方法是复制和粘贴样式。

如果要复制图层样式,可以在"图层"面板中选择包含源图层样式的图层,然后选择"图层"|"图层样式"|"拷贝图层样式"命令。如果要粘贴图层样式,可以在"图层"面板中选择目标图层,然后选择"图层"|"图层样式"|"粘贴图层样式"命令。

如果要快速地复制图层样式,还可以按住 Alt 键拖动 fx 图标至另一图层上方,如图 6-44 所示。

图 6-44 复制图层样式效果

6.3.2 修改、隐藏和清除图层样式

双击"图层"面板中的图层样式图标 fx,打开"图层样式"对话框在相应的选项中更改参数即可。

如果要删除某一图层样式,可在该图层上右击,在弹出的快捷菜单中选择"清除图层样式"命令,或按住图层样式图标 fx 拖到面板下方的垃圾桶 中,如图6-45所示。

单击图层样式效果列表前的 图标,可以关闭该效果的显示,如图6-46所示。

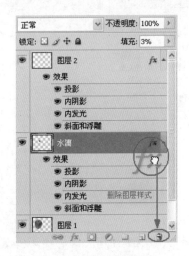

图6-45 删除图层样式

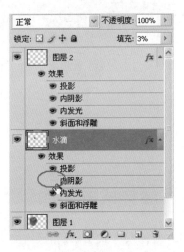

图6-46 关闭图层样式中的某效果

6.3.3 使用"样式"面板

Photoshop中提供了图层样式库,用户可以直接应用这些已经做好的图层样式,如果对其不满意,也可以进行修改、编辑并保存为新的样式。

选择"窗口"|"样式"命令,打开"样式"面板,如图6-47所示。单击"样式"面板中的样式图标,即可在图层中应用该样式。如果要载入Photoshop内置的样式,可单击"样式"面板右上方的 按钮,在弹出的如图6-48所示的菜单中选择需要载入的样式名称,然后在对话框中单击"追加"按钮。

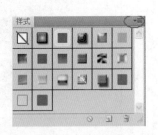

图6-47 "样式"面板

图6-48 内置的样式菜单

打开"第6章\图6-49.psd"文件,单击"样式"面板右上方的 按钮,追加Web样式。如果在弹出的提示框单击"追加"按钮,便在"样式"面板中添加了该组样式,如图6-49所示。

单击"绿色回环"样式对图层添加该样式,如图6-50所示。

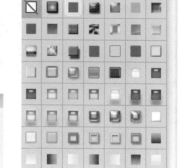

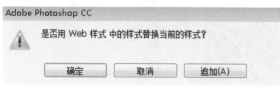

图 6-49　追加 Web 样式

图 6-50　应用样式的效果

6.4　图层蒙版

图层蒙版主要用于控制图层中各个区域的显示程度。建立图层蒙版可以将图层中图像的某些部分处理成透明和半透明效果,从而产生一种遮盖特效。由于图层蒙版可控制图层区域的显示或隐藏,因而可在不改变图层中图像像素的情况下将多幅图像自然地融合在一起。图 6-51 即为使用图层蒙版合成的图像。

图 6-51　使用图层蒙版合成的图像

6.4.1　创建图层蒙版

图层蒙版是一张 256 级色阶的灰度图像,蒙版中的纯黑色区域可以遮罩当前图层中的图像,从而显示出下方图层中的内容,因此当前图层蒙版中黑色区域内的图像将被隐藏,蒙版中的纯白色区域可以显示当前图层中的图像,蒙版中的灰色区域会根据灰度值呈现出不同层次的透明效果,如图 6-52 所示。

图 6-52　不同灰度蒙版产生的效果

1. 直接添加图层蒙版

图像中的每一个图层都可以添加图层蒙版(背景层除外)。图层蒙版的创建很简单,单击"图层"面板底部的"添加图层蒙版"按钮 ,就可以在图层上建立一个白色蒙版,使当前层的内容全部显示,相当于选择"图层"|"图层蒙版"|"显示全部"命令;按住 Alt 键单击该按钮可以创建一个黑色的图层蒙版,显示的是下方图层的内容,相当于选择"图层"|"图层蒙版"|"隐藏全部"命令,如图 6-53 所示。

图 6-53　创建图层蒙版

2. 利用选区添加图层蒙版

如果当前图层中存在选区,单击"图层"面板上方的"添加图层蒙版"按钮 ,可以基于这个选区为图层添加蒙版,选区外的像素将被蒙版隐藏。

下面通过选区添加蒙版为图像更换背景为例说明操作方法。

(1) 打开"第 6 章\图 6-54.jpg"文件,并复制背景层。

（2）打开"通道"面板,观察到红通道烟雾的透明程度最佳。用鼠标按住"红"通道拖向下方的"创建新通道"按钮 ┗┓ ,得到"红拷贝"Alpha通道,如图6-54所示。

图6-54 复制红通道

（3）选择加深工具 ◎ ,在工具选项栏中设置范围为"阴影"、曝光度为15%。

（4）在烟雾需要透明的区域内涂抹,将原来的灰色加深。

（5）使用快速选择工具 ⚘ ,按[与]键更改画笔笔尖的大小,将两炷香选取。

（6）按住Ctrl+Shift组合键在"红拷贝"通道缩览图上单击载入选区,如图6-55所示。

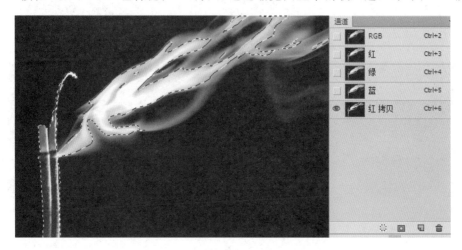

图6-55 载入选区

（7）单击RGB复合通道返回"图层"面板,选中"背景拷贝"层作为当前层。

（8）单击面板下方的"添加图层蒙版"按钮 ◙ ,为"背景拷贝"层添加蒙版,该蒙版可将选区外的像素遮蔽。

（9）打开"第6章\图6-56.jpg"文件,并将其拖放到"背景拷贝"层的下方。

更换背景的效果如图6-56所示。

图 6-56   更换背景效果

6.4.2   编辑图层蒙版

图层蒙版建立后,该图层上就有两个图像了,一幅是这个图层上的原图,另一幅是蒙版图像。若要编辑蒙版图像,可单击蒙版缩览图,这时蒙版缩览图上有白色边框标志。由于图层蒙版也是一幅图像,因此也可以像编辑图像那样编辑图层蒙版,例如绘画、渐变填充、滤镜等。

下面通过一个合成图像实例来学习如何使用渐变填充、画笔绘制编辑图层蒙版。

(1)打开"第 6 章\图 6-57.jpg"文件,如图 6-57 所示,将它作为背景图层。

(2)打开"第 6 章\图 6-58.jpg"文件,用移动工具 ▶♣ 将它拖到"图 6-57.jpg"中,如图 6-58 所示。

图 6-57   背景图   图 6-58   拖入的图片文件

(3)单击"图层"面板底部的"添加图层蒙版"按钮 ◻ ,为当前层创建一个显示图层的蒙版(即白色蒙版),如图 6-59 所示。

(4)选择渐变工具 ▭ ,设置前景色为白色、背景色为黑色,在工具选项栏中单击"径向渐变"按钮 ◼ ,从右下角向外拉动鼠标做渐变填充。这时可以观察到白色区域显示当前层图像,黑色区域则遮蔽了当前层的内容将下层图像显示出来,灰色区域形成羽化的半透明效果。继续使用画笔工具 ✎ 根据需要分别用白色和黑色涂抹进行修改,如图 6-60 所示。

(5)拖入"第 6 章/图 6-61.jpg"文件,按住 Alt 键单击"添加图层蒙版"按钮 ◻ ,为当前层创建一个隐藏图层的蒙版(即黑色蒙版),可以看到当前层的图像全部被遮蔽,如图 6-61 所示。

图 6-59　添加图层蒙版

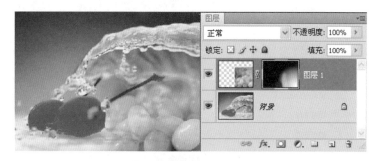

图 6-60　在图层蒙版中做径向渐变

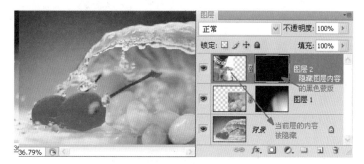

图 6-61　添加隐藏整个图层的蒙版

（6）选择画笔工具 ，用白色画笔在要显示图像的部位涂抹，可按 X 键切换黑、白前景色对蒙版进行编辑，并可根据需要适当调节画笔的不透明度和流量，效果如图 6-62 所示。

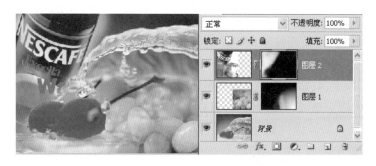

图 6-62　效果图

6.4.3 启用与停用蒙版

在图层蒙版缩览图上右击,从弹出的快捷菜单中选择"停用图层蒙版"命令,如图 6-63 所示,停用蒙版后在缩览图上会出现一个红色的叉×,这时蒙版失效,用户也可以按住 Shift 键单击图层蒙版缩览图。

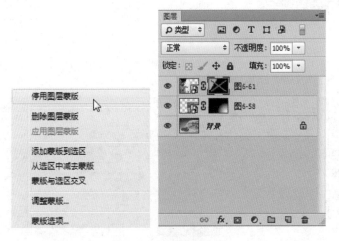

图 6-63　停用图层蒙版

停用的图层蒙版并没有从图层中删除,执行"启用蒙版"命令或按住 Shift 键单击图层蒙版缩览图又能重新启用图层蒙版。

6.4.4 创建剪贴蒙版

剪贴蒙版是特殊的图层,利用下层图像的外轮廓形状对上方图层的图像进行剪切,从而控制上方图层的显示区域。

选择"图层"|"创建剪贴蒙版"命令或按 Ctrl＋Alt＋G 组合键即可创建剪贴蒙版。剪贴蒙版可以应用于多个图层,但这些图层必须是连续的。

选择"图层"|"释放剪贴蒙版"命令或拖动移出剪贴蒙版也可移出释放剪贴蒙版。

剪贴蒙版应用实例:

(1) 打开"第 6 章\图 6-64.jpg"素材文件。

(2) 使用魔棒工具将阿迪达斯标志选出。

(3) 按 Ctrl＋J 组合键将选中的内容复制到新层,得到图层 1。

(4) 为背景层填充颜色♯ 62a5e9,将"第 6 章\图 6-65.jpg"素材文件拖入,创建图层 2。

(5) 按住 Alt 键,移动光标至"图层"面板的"图层 2"和"图层 1"的交界线上,当光标变成 形状时单击,创建剪贴蒙版,如图 6-64 所示。

在"图层"面板中,剪贴蒙版下方的图层为基底层,名称下方带有下划线;上面的图层为像素显示层,它的图层缩览图是缩进的,并有剪贴蒙版标志 ,如图 6-65 所示。

(6) 移动图层 2 的图像位置,可以改变剪贴蒙版中图像的显示范围。

(7) 选中图层 1,单击"图层"面板下方的"添加图层样式" fx 按钮。

(8) 在弹出的菜单中选择"描边"命令。

图 6-64 创建剪贴蒙版　　　　　　　图 6-65 剪贴蒙版的图层关系

（9）设置描边大小为"8 像素"、位置为"内部"、颜色为"白色"。

（10）单击"图层样式"对话框左侧的"投影"并选中复选框，添加投影效果。

（11）打开"第 6 章\图 6-66.jpg"素材文件，选出足球置入当前文档，并添加与图层 1 的参数相同的投影图层样式。

（12）选中背景层，然后选择"滤镜"|"渲染"|"镜头光晕"命令，最终效果如图 6-66 所示。

图 6-66 通过剪贴蒙版显示图像效果

6.4.5 创建调整图层

调整图层是以调整命令为基础并与图层功能相结合的特殊图层。

图像的色彩调整都会有损原图的像素，在反复调整中可以使用历史记录画笔工具涂抹到历史记录，但任何一个调整操作，其结果都是不可复原的，几乎没有后悔的余地。

为了使调整中图像的像素不被破坏，又能重复更改，建议使用调整层。调整层是集中了图层、蒙版和图像调整于一体的高级操作，在调整层中可以实现对图像局部的、反复的、非破坏性的调整，对于不满意的地方可以进入蒙版状态反复修改，因而使图片的调整更具有灵活性。

1. 风光照片层次的调整

（1）打开"第 6 章\图 6-67.jpg"文件可以看到黑场、白场信息很丰富，但中间调像素信息极度缺乏，使得整个图片的下半部很暗，如图 6-67 所示。

图 6-67　打开需要调整的图片

（2）单击"调整"面板上的"色阶"按钮 ，创建"色阶"调整层（也可单击"图层"面板底部的"创建新的填充或调整图层"按钮 ，在弹出的菜单中选择"色阶"命令），打开色阶"调整"面板向右推动灰场滑块，让蓝天中白云的层次更加丰富，如图 6-68 所示。

图 6-68　创建"色阶"调整层

（3）调整后地面的色调更暗了，可以通过蒙版操作恢复地面原来的影调。选择黑色画 笔涂抹，在蒙版的遮蔽作用下图像的下半部又回到调整前的状态了，如图 6-69 所示。

（4）载入色阶调整层的选区后反选，按 Shift＋F6 组合键设置羽化值为 30。

（5）单击"调整"面板上的"曲线"按钮 ，创建"曲线"调整层，如图 6-70 所示。使用曲线在调节地面亮度的同时，图像的天空部位也变亮了，用黑色画笔 编辑图层蒙版，如图 6-71 所示。

（6）载入色阶调整层的选区，单击"图层"面板底部的"创建新的填充或调整图层"按钮 ，在弹出的菜单中选择"亮度/对比度"命令，把天空再压暗一些，如图 6-72 所示。

（7）创建"色相/饱和度"调整层，提高图像的饱和度。

图 6-69 使用画笔在蒙版中涂抹

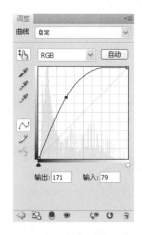

图 6-70 创建"曲线"调整层

图 6-71 用黑色画笔编辑"曲线"蒙版

图 6-72 添加"亮度/对比度"调整层

（8）接下来还可针对局部的色彩信息添加"曲线"调整层，强化图片的对比度。

（9）调整结束后按 Ctrl＋Alt＋Shift＋E 组合键盖印图层，进行锐化处理。

（10）如果用户对操作有不满意的地方，可以隐藏调整层或重新创建调整层反复操作，真正做到了不损坏原图信息随心所欲地调节的目的，最终效果如图 6-73 所示。

图 6-73　调整后的效果

2. 人像照片后期修饰

打开"第 6 章\图 6-74.jpg"文件，对原片的人物皮肤及整个照片的色彩都需要进一步修饰，调整前后的效果如图 6-74 所示。

(a)原图　　　　　　　　　　　　　(b)后期处理效果

图 6-74　人像照片的后期修饰

（1）使用修补工具 套选脸上较大的瑕疵并拖到皮肤较好的位置，如图 6-75 所示。

（2）把问题严重的瑕疵处理好，然后利用通道制作选区对皮肤进行磨皮光滑处理。

（3）打开"通道"面板，复制蓝通道，然后对"蓝拷贝"通道执行"滤镜"|"其他"|"高反差保留"命令，设置参数为"10"。

（4）选择"图像"|"计算"命令，按图 6-76 所示设置相关参数。

（5）重复执行两至三次"计算"命令，每执行一次都会在"通道"面板中得到一个新的 Alpha 通道，这里按住 Ctrl 键单击 Alpha3 通道缩览图载入选区。

（6）按 Ctrl＋Shift＋I 组合键将选区反相选择，然后回到"图层"面板。单击"调整"面板上的"曲线"按钮，创建"曲线"调整层，并向上拉曲线，直到人物的皮肤光滑，如图 6-77 所示。

（7）使用黑色画笔编辑蒙版，将人物的五官以及不希望有模糊效果的头发涂抹出来。

图 6-75 修补瑕疵

图 6-76 "计算"对话框

图 6-77 创建"曲线"调整层

（8）单击"调整"面板上的"色阶"按钮，创建"色阶"调整层，移动黑场和灰场滑块将图像提亮，如图 6-78 所示。

（9）此色阶调整仅希望提亮人物脸部，选中"色阶 1"蒙版层并填充黑色，将色阶的效果全部遮蔽。然后使用白色画笔，设置合适的不透明度和流量，在人物的脸部涂抹。

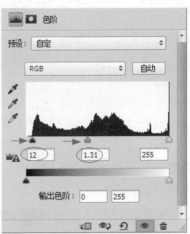

图 6-78　创建"色阶"调整层

（10）单击"调整"面板上的"可选颜色"按钮 ◤ 创建"可选颜色"调整层，如图 6-79 所示分别调整绿、黄、青、蓝的颜色比例，让背景颜色更通透、清亮。

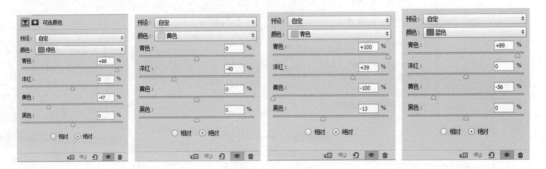

图 6-79　创建"可选颜色"调整层

（11）用快速选择工具 ✎ 将衣服选出，单击"调整"面板上的"色相/饱和度"按钮 ▦ 创建"色相/饱和度"调整层，单击 ✋ 图标后在衣服上吸取颜色，拖动色相和饱和度滑块更改衣服的颜色如图 6-80 所示，如果不满意还可创建"色相/饱和度 2"调整层继续调整。

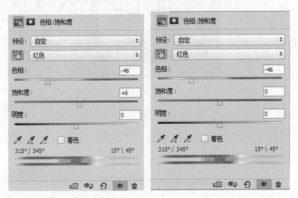

图 6-80　通过"色相/饱和度"调整层更改衣服颜色

（12）用套索工具 设置羽化值为"20"将嘴唇选出，单击"调整"面板上的"色相/饱和度"按钮 创建"色相/饱和度"调整层，单击 图标后在嘴唇上吸取颜色，拖动饱和度滑块添加口红效果。

（13）新建图层，设置图层混合模式为"颜色"，然后用画笔在脸颊上刷腮红，并添加图层蒙版对所绘的腮红进行编辑，如图 6-81 所示。

图 6-81 添加腮红

（14）按 Ctrl＋Alt＋Shift＋E 组合键盖印图层，然后选择"滤镜"｜"锐化"｜"智能锐化"命令，设置参数如图 6-82 所示，最终完成人像照片的修饰。

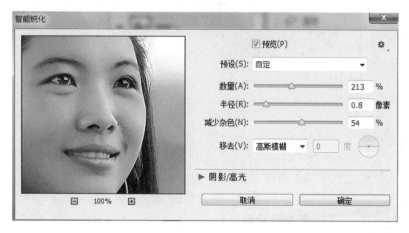

图 6-82 "智能锐化"对话框

6.5 图层混合模式

在 Photoshop 文档中,图像由多个图层叠加在一起,上层图像与下层图像的像素颜色通过混合相互作用得到的效果,不同的色彩混合模式可以产生不同的效果。

单击"图层"面板中的 正常 按钮,在弹出的下拉列表中有 6 组混合模式,共 27 种。

6.5.1 混合模式组介绍

1. 正常混合模式

Photoshop 默认的色彩混合模式为"正常"模式,上方图层与下方图层的颜色间不会发生相互作用,上方图层中图像的像素会覆盖下层内容,只有当该层的不透明度小于 100% 时,下层的内容才会显示出来。

2. 加深模式组

该组中的混合模式共有 5 种,即"变暗"、"正片叠底"、"颜色加深"、"线性加深"、"深色"。使用加深模式组中的模式在混合过程中能使图像变暗,当前图层的白色像素会被下层较暗的像素代替。打开"第 6 章\图 6-83.psd"文件,拖入"第 6 章\图 6-83.jpg"素材,并按 Ctrl+Alt+G 组合键创建剪贴蒙版。图 6-83 所示为"正常"混合模式下的图像,单击"图层"面板中的 正常 按钮,选择"线性加深"混合模式,图像效果如图 6-84 所示。

图 6-83 "正常"混合模式

3. 减淡模式组

该组中的混合模式共有 5 种,即"变亮"、"滤色"、"颜色减淡"、"线性减淡"、"浅色"。减淡模式组与加深模式组中的混合模式产生的效果截然相反,在混合过程中能使图像变亮。使用这组模式时图像中的黑色像素会被下层较亮的像素替换。拖入"第 6 章\图 6-85.jpg"素材,按 Ctrl+Alt+G 组合键创建剪贴蒙版。图 6-85 所示为"正常"混合模式下的图像,单击"图层"面板中的 正常 按钮,选择"滤色"混合模式,图像效果如图 6-86 所示。

图 6-84 "线性加深"混合模式

图 6-85 "正常"混合模式

图 6-86 "滤色"混合模式

4. 对比模式组

该组中的混合模式共有 7 种,即"叠加"、"柔光"、"强光"、"亮光"、"线性光"等,使用对比模式组中的模式可以增强图像的反差。在混合时,50%的灰色会完全消失,而高于 50%的像素会使下层的图像加亮,亮度低于 50%灰色的像素会使下层图像变暗。

拖入"第 6 章\图 6-87.jpg"素材,按 Ctrl+Alt+G 组合键创建剪贴蒙版。图 6-87 所示为"正常"混合模式下的图像,单击"图层"面板中的 正常 ▼ 按钮,选择"叠加"混合模式,图像效果如图 6-88 所示。

图 6-87 "正常"混合模式

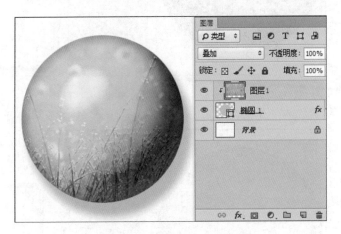

图 6-88 "叠加"混合模式

5. 比较模式组

该组中的混合模式最常用的有两种,即"差值"、"排除"。

使用"差值"模式可以查看每个通道的颜色信息,上层图像的白色区域使下层图像的颜色反相,而黑色不变。

"排除"和"差值"模式相似,但效果较柔和,混合产生的效果的颜色对比度较小。

打开"第 6 章\图 6-89.jpg"素材,新建图层 1 并填充颜色♯071855,如图 6-89 所示。

单击"图层"面板中的 正常 ▼ 按钮,分别选择"排除"、"差值"混合模式,观察图像效果,如图 6-90 和图 6-91 所示。

图 6-89 原图

图 6-90 "排除"混合模式效果

图 6-91 "差值"混合模式效果

6.5.2 应用混合模式制作海报

(1) 打开"第 6 章\图 6-92.jpg"文件,用魔棒工具 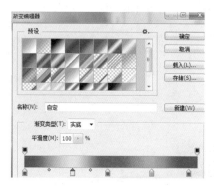 将人物选出。

(2) 将选中的内容按 Ctrl+J 组合键复制到新层,生成图层 1。

(3) 单击"图层"面板中的"锁定透明像素"按钮。

(4) 选择渐变工具 ,打开"渐变编辑器"设置渐变色后填充,如图 6-92 所示。

图 6-92 渐变填充图层 1

（5）拖入"第 6 章\图 6-93.jpg"素材，按 Ctrl＋Alt＋G 组合键创建剪贴蒙版。

（6）设置图层 2 的图层混合模式为"叠加"。

（7）单击"图层"面板底部的"添加图层蒙版"按钮 ，用黑色画笔涂抹，使图像的衔接更柔和。背景层用白色填充，效果如图 6-93 所示。

图 6-93　添加图层蒙版

（8）拖入"第 6 章\图 6-94.jpg"素材，按 Ctrl＋Alt＋G 组合键创建剪贴蒙版。

（9）设置图层 3 的图层混合模式为"强光"。

（10）为图层 3 添加图层蒙版，用黑色画笔涂抹，使图像的衔接更柔和。

（11）拖入"第 6 章\图 6-94a.jpg"素材，生成图层 4。

（12）按 Ctrl＋Alt＋G 组合键创建剪贴蒙版，设置图层的混合模式为"颜色加深"。

最后为图层 1 添加"投影"图层样式，并加入海报文字，效果如图 6-94 所示。

图 6-94　效果图

6.6 图层高级操作应用实例

1. 合成宣传画

（1）打开"第 6 章\图 6-95.jpg"文件，拖入"第 6 章\图 6-95a.jpg"素材文件。

（2）为图层 1 添加图层蒙版，然后选择渐变工具 做黑-白线性渐变填充。

（3）在"图层"面板中单击"创建新的填充或调整图层"按钮 添加"曲线"调整层。

（4）按 Ctrl+Alt+G 组合键创建剪贴蒙版，使该曲线调整效果仅作用于图层 1，如图 6-95 所示。

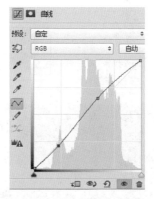

图 6-95 通过曲线调整层创建剪贴蒙版

（5）拖入"第 6 章\图 6-96.jpg"素材，然后选择"图像"|"调整"|"匹配颜色"命令。

（6）为图层 2 添加图层蒙版，然后做黑-白线性渐变填充，如图 6-96 所示。

（7）拖入"第 6 章/图 6-97.jpg"素材文件，创建图层 3。

图 6-96　图层 2 匹配颜色处理

（8）为图层 3 添加图层蒙版，然后选择渐变工具 做黑-白线性渐变填充。

（9）在"图层"面板上单击"创建新的填充或调整图层"按钮 添加"照片滤镜"调整层，增加暖色调，如图 6-97 所示。

（10）打开"第 6 章\图 6-98. psd"素材文档，将竹子拖入。

（11）按 Ctrl＋B 组合键打开"色彩平衡"对话框，改变竹子的颜色比例，以符合当前色温，如图 6-98 所示。

（12）在"图层"面板上单击"创建新的填充或调整图层"按钮 添加"曲线"调整层，调亮整个图片。最后添加文字，完成的效果如图 6-99 所示。

图 6-97 添加"照片滤镜"调整层

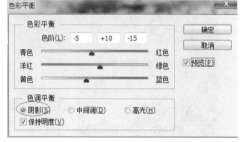

图 6-98 "色彩平衡"对话框

2. 合成唯美意境图

创建调整图层的过程主要是调整相关颜色命令参数,而图层蒙版是进行图像合成必不可少的,此例利用调整层进行色调的调整,并结合图层蒙版对"第 6 章\图 6-100a.jpg"和"第 6 章\图 6-100b.jpg"进行合成,如图 6-100 所示。

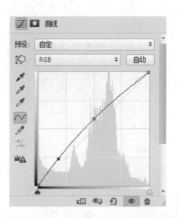

图 6-99　使用曲线调整后的效果图

图6-92a.jpg

图6-92b.jpg

图 6-100　素材图

（1）打开"第 6 章\图 6-100a.jpg"、"第 6 章\图 6-100b.jpg"文件，将后者拖入第一个图像文档中形成图层 1。

（2）单击"添加图层蒙版"按钮 创建图层蒙版，然后选择渐变工具 ，设置前景色为白色、背景色为黑色，在蒙版中做黑-白线性渐变，如图 6-101 所示。

（3）单击"图层"面板底部的"创建新的填充或调整图层"按钮 ，在弹出的菜单中选择"通道混合器"命令，按图 6-102 所示设置参数。

图 6-101　添加图层蒙版　　　　　　图 6-102　"通道混合器"调整面板

（4）打开"第 6 章\图 6-92c.jpg"图像文件，拖入后放置到文档下方。按住 Alt 键单击"添加图层蒙版"按钮 ，为该层添加黑色图层蒙版，然后选择合适的画笔用白色在蒙版的左下角涂抹得到如图 6-103 所示的效果。

图 6-103　添加图层蒙版后的效果

（5）单击"图层"面板底部的"创建新的填充或调整图层"按钮 ，在弹出的菜单中选择"曲线"命令，创建"曲线"调整层并将曲线稍微向上拉做提亮图像处理，为了压低图像四角的亮度，在"曲线"调整层的蒙版中做"白-黑"径向渐变填充，"图层"面板如图 6-104 所示。

（6）单击"创建新的填充或调整图层"按钮 ，在弹出的菜单中选择"照片滤镜"命令，创建"照片滤镜"调整层，参数设置如图 6-105 所示。

（7）添加第二个"曲线"调整层，拉出 S 形曲线提高图像的对比度，并用黑色画笔在"曲线"调整层的蒙版上涂抹将天空部分遮盖，如图 6-106 所示。

（8）单击"创建新图层"按钮 新建图层 3，用黄色（#d5c517）填充该层。

图 6-104　"图层"面板

图 6-105　"照片滤镜"调整层

图 6-106　"曲线 2"调整层

（9）单击"添加图层蒙版"按钮 ▣，在蒙版中做"白-黑"径向渐变。然后设置图层的混合模式为"颜色加深"、不透明度为 85%，最终合成效果如图 6-107 所示。

图 6-107　效果与"图层"面板

3. 数码照片后期流行色

近年来数码照片的风格在不断更新,出现了青蓝调、暖黄调等具有唯美意境的流行色调,此例原片的色彩平淡,通过调整层的处理将背景的绿树与人物的红相呼应,使画面变得更加柔和、唯美,如图 6-108 所示。

图 6-108　数码照片的后期色彩调整

(1) 打开"第 6 章\图 6-108.jpg"文件,调整此类的照片一般都要将原片提亮、将饱和度降低。按 Ctrl+J 组合键复制背景层得到图层 1,并将该层的混合模式设置为"滤色"、将不透明度设置为"76%"。

(2) 单击"图层"面板底部的"添加图层样式"按钮 **fx**,选择"渐变叠加"图层样式。

(3) 在"图层样式"对话框中设置"渐变叠加"参数,打开渐变编辑器,追加"蜡笔"渐变,如图 6-109 所示。

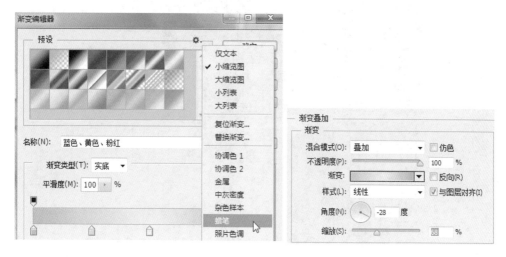

图 6-109　渐变叠加

(4) 单击"添加图层蒙版"按钮 ,为图层 1 添加蒙版,然后使用黑色画笔在人物脸上涂抹,擦除部分渐变叠加效果,如图 6-110 所示。

图 6-110　图层 1 效果

　　(5) 新建图层 2,设置图层混合模式为"排除",并填充蓝色(♯ 061530)。然后为该层添加图层蒙版,用黑色画笔对人物进行编辑,如图 6-111 所示。

图 6-111　图层 2

　　(6) 在"调整"面板中单击"曲线"按钮 ,添加曲线调整层,增加图像的对比度。

　　(7) 选择套索工具,设置羽化值为"20 像素",勾选嘴唇创建选区。

（8）在"调整"面板中单击"色相/饱和度"按钮 ，创建色相/饱和度调整层，然后使用吸管工具在嘴唇上单击采样取色，向右拖动饱和度滑块，具体参数如图 6-112 所示。

（9）新建图层3，设置图层混合模式为"颜色"，用红色画笔，设置不透明度为"40"、流量为"50"，在脸颊处单击添加腮红，如图 6-113 所示。

图 6-112 色相/饱和度　　　　图 6-113 设置图层3的混合模式

（10）新建图层4，用白色画笔随意画几根线条。

（11）选择"滤镜"|"模糊"|"动感模糊"命令，设置角度与线条方向一致，如图 6-114 所示。

图 6-114 添加光线条

（12）新建图层 5，用动态画笔绘制散状的点，并添加几个泡泡。

（13）添加"亮度/对比度"调整层，把周围再压暗，如图 6-115 所示。

图 6-115　最终效果

课后习题

1. 使用图层顺序的关系绘制奥运五环，并打开"第 6 章\图 6-116a.jpg"和"第 6 章\图 6-116b.jpg"两个文件，使用图层及图层样式操作将它们合成为如图 6-116 所示的效果。

图 6-116　绘制奥运五环

2. 打开"第 6 章\图 6-117.psd"素材文件，使用图层、图层蒙版操作制作投影效果，如图 6-117 所示。

操作提示：

（1）用多边形套索工具分别选出正面与侧面的包装袋，复制到新层，做垂直翻转、斜切交换操作后合并图层。

（2）添加图层蒙版，做黑到白的线性渐变，制作投影效果。

<table>
<tr><td>(a) 素材</td><td>(b) 投影效果</td></tr>
</table>

图 6-117　制作投影

3. 打开"第 6 章\图 6-118.jpg"文件,如图 6-118 所示。然后综合使用调整图层及图层蒙版的操作对图像进行色彩及色调的调整,效果如图 6-119 所示。

图 6-118　原图　　　　　　　　　　　图 6-119　效果图

操作提示:

(1) 分别对天空、地面添加调整图层。

(2) 对天空添加"色相/饱和度"调整层。

(3) 增加图片的"亮度/对比度"。

4. 打开"第 6 章\图 6-120.jpg"文件,如图 6-120 所示,将素材复制 3 个副本层,然后使用多边形套索工具绘制梯形选区,添加图层蒙版,并使用图层蒙版的遮盖特效显示部分图像,最终完成如图 6-121 所示的效果。

图 6-120　原图　　　　　　　　　　　图 6-121　效果图

5. 打开"第 6 章\图 6-122.jpg"文件,如图 6-122 所示,使用"可选颜色"、"色彩平衡"、"色相/饱和度"、"曲线"调整层和蒙版的编辑对数码照片的色彩进行后期调整,如图 6-123 所示。

图 6-122　原图

图 6-123　效果图

第 7 章

滤镜

7.1 滤镜基础

滤镜是 Photoshop 的特色之一,利用 Photoshop 中的滤镜命令可以在顷刻之间完成许多令人眼花缭乱的艺术效果。滤镜产生的复杂数字化效果源自摄影技术。

在 Photoshop 中,滤镜分为特殊滤镜、滤镜组和外挂滤镜。内置滤镜是指由 Adobe 公司自行开发,并包含在 Photoshop 安装程序之中的滤镜特效;外挂滤镜是指由第 3 方开发商提供,安装后这些增效工具出现在"滤镜"菜单的底部。

在本章中主要介绍内置滤镜。内置滤镜共有 100 多种,每个滤镜的功能都不相同,因此,用户必须熟悉每个滤镜的功能,并对其灵活地综合运用才能制作出满意的作品。Photoshop 中滤镜的功能和应用虽各不相同,但在使用方法上却有许多相似之处,了解和掌握这些方法,对提高滤镜的使用效率很有帮助。

7.1.1 使用滤镜的常识

(1) 如果要使用滤镜,只要从"滤镜"菜单中选取相应的子菜单命令即可,如图 7-1 所示。

(2) 滤镜只应用于当前可视图层、选区或通道,且可以反复应用、连续应用。

(3) 上次使用过的滤镜将出现在"滤镜"菜单的顶部,选择该命令或者按 Ctrl+F 组合键可对图像再次以相同的参数应用滤镜;按 Ctrl+Alt+F 组合键,可再次打开该滤镜的对话框设置参数。

(4) 滤镜不能应用于位图模式、索引模式的图像,某些滤镜只对 RGB 模式的图像起作用,有些滤镜不能在 CMYK 模式下使用。

(5) 有些滤镜使用时会占用大量的内存,在运行滤镜前可先选择"编辑"|"清理"|"全部"命令释放内存。有些滤镜很复杂,或者是要应用滤

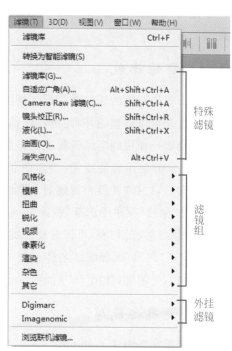

图 7-1 "滤镜"菜单

镜的图像尺寸很大,在执行时需要很长的时间,如果想结束正在生成的滤镜效果,只需按 Esc 键即可。

7.1.2 预览和应用滤镜

有些滤镜允许在应用前预览效果,在执行滤镜命令后会弹出对话框让用户进行各种参数的设置和预览,这样就可以在应用滤镜之前观察到应用滤镜后的效果,以便调整最佳参数,如图 7-2 所示。

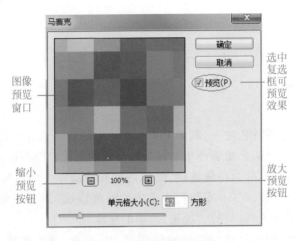

图 7-2 "滤镜设置"对话框

如果在滤镜设置对话框中对自己调节的效果不满意,希望恢复调节前的参数,可以按住 Alt 键,这时"取消"按钮会变成"复位"按钮,单击此按钮就可以将参数重置为调节前的状态。

7.1.3 智能滤镜

应用于智能对象的任何滤镜都是智能滤镜,智能滤镜属于"非破坏性滤镜"。由于智能滤镜的参数是可以调整的,因此可以调整智能滤镜的作用范围或将其移除、隐藏,还可以像编辑图层蒙版一样用画笔编辑智能滤镜的蒙版,使滤镜效果仅影响部分区域的图像。

(1) 如果要使用智能滤镜,当前图层必须转为智能对象,或将其转为智能对象(在图层缩览图上右击,选择"转换为智能对象"命令),如图 7-3 所示。

(2) 在"滤镜"菜单中选择"油画"命令,对智能对象应用滤镜。此时,"图层"面板中包含一个类型图层样式的列表,可以对智能滤镜的效果进行隐藏、编辑等处理。

(3) 双击"图层"面板滤镜名称右侧的图标,可以在弹出的"混合选项"对话框中设置滤镜的模式和不透明度,如图 7-4 所示。

7.1.4 使用滤镜库

滤镜库是一个集成了 Photoshop 中绝大部分命令的集合体,它使滤镜的浏览、选择和应用变得直观和简单。它包含了滤镜中大部分比较常用的滤镜,可以在同一个对话框中完成

图 7-3　"转换为智能对象"命令

图 7-4　设置智能滤镜的"混合选项"

添加多个滤镜的操作。打开"第 7 章\图 7-5.jpg",如图 7-5 所示,通过制作油画效果介绍滤镜库的使用方法。

(1) 选择"滤镜"|"滤镜库"命令,弹出"滤镜库"对话框。

(2) 在缩览列表中选择"艺术效果"组下的"绘画涂抹",设置参数。

(3) 单击"新建效果图层"按钮 ,在"纹理"组下选择"纹理化"滤镜。

(4) 按图 7-6 所示设置参数,在对话框的右下部会显示已经应用到当前图像上的滤镜列表。

(5) 如果在滤镜效果列表中,拖动一个滤镜到另一个滤镜上方或下方,即可改变滤镜效果的应用顺序。

图 7-5 "滤镜库"对话框

图 7-6 设置"纹理化"滤镜

(6) 单击"确定"按钮应用滤镜,再按 Ctrl＋A 组合键全选并复制图像。

(7) 打开"第 7 章\图 7-7.jpg"素材,用魔棒工具选取相框中的白色。

(8) 按 Ctrl＋Alt＋Shift＋V 组合键将复制的内容粘贴到选区内。

(9) 调节图像的大小至合适,效果如图 7-7 所示。

图 7-7　粘贴到选区后的效果

7.2　特殊滤镜

特殊滤镜包括"自适应广角"滤镜、"镜头校正"滤镜、"液化"滤镜、"油画"滤镜和"消失点"滤镜。

7.2.1　"液化"滤镜

"液化"滤镜是修饰图像和制作艺术效果的强大的工具，使用该滤镜可以方便地变形与扭曲图像。在数码照片处理中，该滤镜一般用于修饰人物的脸型或身材。

打开"第 7 章\图 7-8.jpg"文件，选择"滤镜"|"液化"命令打开液化对话框，如图 7-8 所示。

图 7-8　液化对话框

◇ 向前变形工具 ：可以推动像素产生变形。

◇ 重建工具 ：通过绘制变形区域部分或全部恢复变形的图像。

◇ 褶皱工具 ：使像素向画笔中心移动,产生向内缩进的效果。

◇ 膨胀工具 ：使像素向画笔区域移动,产生向外膨胀的效果。

◇ 左推工具 ：当向上拖曳时,像素朝右移动;当向下拖曳时,像素转左移动。

下面介绍利用"液化"滤镜修饰人物的脸型和体形。

(1) 选择向前变形工具 ,设置画笔大小为410、画笔压力为55。

(2) 在人物脸颊处轻轻向内推鼠标,向内收小脸盘。

(3) 由于人物的发际较低,设置画笔大小为260,向上推发际,把额头拉长。

(4) 使用膨胀工具 调整五官,设置画笔大小为258,在眼睛上单击,使眼睛变大。

(5) 选择向前变形工具 ,设置画笔大小为370,把鼻梁提高。

(6) 选择向前变形工具 ,设置画笔大小为620,在腰部向内推,把腰变细。

最终效果如图7-9所示。

图 7-9　执行滤镜前后的效果

7.2.2 "消失点"滤镜

在平面画面中会存在透视角度的问题。"消失点"滤镜可以在包含透视平面的图像中进行透视校正操作。选择"滤镜"|"消失点"命令,弹出"消失点"对话框,如图7-10所示。

◇ 创建平面工具 ：用于定义透视平面的4个节点,如图7-10沿地板创建一个透视网络,以定义图像的透视关系。

◇ 编辑平面工具 ：用于选择、编辑、移动平面的节点,调整平面的大小。图7-10所示为扩大了的透视平面。

◇ 选框工具 ：用于在创建好的透视平面上绘制选区,将光标放在选区内按住 Alt 键拖曳可以复制图像,按住 Ctrl 键拖曳可以以源图像填充。

◇ 仿制图章工具 ：按住 Alt 键在透视平面内单击取样,在其他区域拖动鼠标进行仿

图 7-10 "消失点"对话框

制操作。

◇ 变换工具 ：变换选区内的图像。

（1）打开"第 7 章\图 7-10.jpg"文件，选择"滤镜"|"消失点"命令打开对话框。

（2）使用创建平面工具 沿地板创建一个具有透视效果的平面。

（3）选择编辑平面工具 ，将光标放在平面透视角点上拖移，将其扩大到整个画面。

（4）选择仿制图章工具 ，按住 Alt 键单击取样点，复制地板去除杂物，效果如图 7-11 所示。

图 7-11 "消失点"滤镜的运用

7.3 风格化滤镜组

风格化滤镜组中包含 8 种滤镜，风格化滤镜主要作用于图像的像素，可以强化图像的色彩边界。通过置换像素和边缘查找增加图像的对比度，最终制作出一种绘画式或印象派的艺术图像效果。风格化滤镜组菜单如图 7-12 所示。

1. 查找边缘

"查找边缘"滤镜可以自动查找像素颜色的对比度,找出图像中有明显过渡的区域并强调边缘,用相对于白色背景的深色线条来勾画图像的边缘,形成一个清晰的轮廓,产生类似用铅笔描绘的效果。如果先加大图像的对比度,然后再应用此滤镜,则可以得到更多更细致的边缘,如图 7-13 所示。

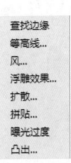

图 7-12　风格化滤镜组　　　　　　图 7-13　"查找边缘"示例

2. 等高线

"等高线"滤镜用于查找主要亮度区域,类似于"查找边缘"滤镜的效果,并对每个颜色通道用细线勾画一条较细的线。选择"滤镜"|"风格化"|"等高线"命令,弹出"等高线"对话框,如图 7-14 所示。

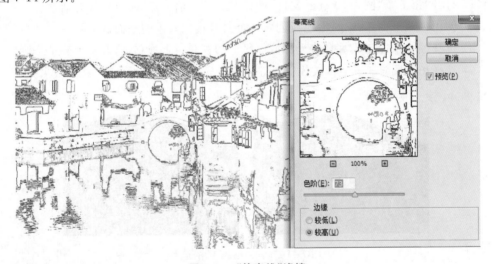

图 7-14　"等高线"滤镜

◇ 色阶:设置区分图像边缘亮度的级别。

◇ 边缘:设置图像边缘的位置,选中"较低"单选按钮时勾画像素的颜色低于指定色阶的区域;选中"较高"单选按钮时勾画像素的颜色高于指定色阶的区域。

图 7-14 所示为选中"较高"单选按钮时的等高线效果图及"等高线"对话框的参数设置。

3. 风

使用"风"滤镜可以在图像上添加一些细线条模拟风吹效果。其对话框如图 7-15 所示。

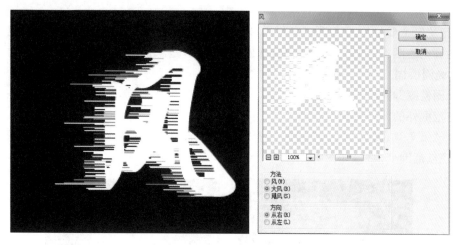

图 7-15　"风"滤镜

◇　方法：包含"风"、"大风"、"飓风"3 种方法。

◇　方向：设置风源的方向，包含"从右"和"从左"两种。

4. 浮雕效果

"浮雕效果"滤镜可以使图像产生凹陷或凸起的浮雕效果，打开"浮雕效果"对话框，如图 7-16 所示。

◇　角度：设置浮雕效果的光线方向，光线的方向影响浮雕凸起的位置。

◇　高度：设置浮雕效果凸起的高度。

◇　数量：数值越大，边界越清晰。

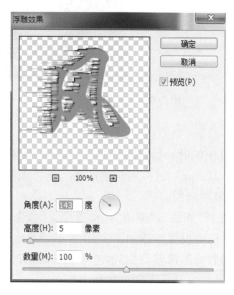

图 7-16　"浮雕效果"滤镜

7.4 模糊滤镜组

该组滤镜主要是使图像看起来更柔和,降低图像的清晰度,淡化图像中不同色彩的边界,以达到掩盖图像的缺陷或创造出特殊效果的作用,是滤镜中使用最广泛的滤镜之一。

1. 光圈模糊

"光圈模糊"滤镜可以在图像上创建一个椭圆形的焦点范围,焦点范围内的图像保持清晰,焦点范围外的图像被模糊处理。

打开"第 7 章\图 7-17.jpg"文件,选择"滤镜"|"模糊"|"光圈模糊"命令,在图像上会添加一个焦点范围变换框,如图 7-17 所示。

图 7-17 "光圈模糊"焦点范围

拖曳鼠标扩大焦点范围,并设置"模糊"数值为 19 像素,如图 7-18 所示。

图 7-18 "光圈模糊"滤镜

2. 动感模糊

"动感模糊"滤镜用于对图像沿着指定的方向进行模糊,效果类似于给运动的物体拍照。

(1) 打开"第 7 章\图 7-19.jpg"文件,用快速选择工具将人物的轮廓选出。

(2) 按 Ctrl+J 组合键复制新层。

(3) 选择图层 1,然后选择"滤镜"|"模糊"|"动感模糊"命令。

(4) 在"动感模糊"对话框中设置参数如图 7-19 所示,"角度"参数为运动方向。

(5) 用移动工具将模糊后的图像移动位置,产生快速运动的视觉效果。

(6) 添加图层蒙版,用黑色画笔将人物主体擦出。

3. 高斯模糊

"高斯模糊"滤镜按指定的值快速模糊图像,产生一种朦胧的效果。其对话框中的"半

(a) 原图像

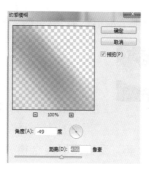

(b) "动感模糊"对话框

(c) 动感模糊效果

图 7-19 动感模糊

径"参数用于控制模糊的程度。"高斯模糊"滤镜在实际应用中非常广泛,除了可以用来模糊图像,还可以用来修饰图像,当图像中的杂点较多时,应用"高斯模糊"滤镜可以去除杂点,使图像看起来更平滑。

4. 表面模糊

"表面模糊"滤镜在保留边缘的同时模糊图像,可创建特殊效果,并消除杂色或颗粒度。其"半径"指定模糊取样区的大小,"阈值"控制能被模糊的色调差值。

下面借助"高斯模糊"与"表面模糊"滤镜制作绸带。

(1) 新建图像文档,用钢笔工具绘制曲线如图 7-20 所示。

(2) 设置画笔笔尖为"硬边圆"、"大小"为 1 像素、"硬度"为 0。

(3) 单击"路径"面板下方的"用画笔描边路径"按钮 ○。

(4) 选择"编辑"|"定义画笔预设"命令,将描边图像定义为画笔。

(5) 使用钢笔工具绘制第 2 条路径,如图 7-21 所示。

(6) 选择画笔工具,按 F5 键打开"画笔"面板,找到刚才定义的画笔,按图 7-22 所示设置画笔。

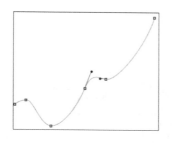

图 7-20 路径 1

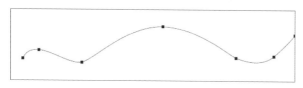

图 7-21 路径 2

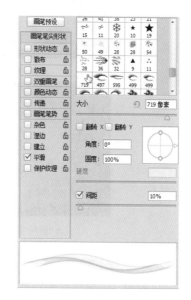

图 7-22 "画笔"面板

（7）打开"路径"面板，单击用"画笔描边路径"按钮 〇，对第 2 条路径描边。如图 7-23 所示。

图 7-23　描边路径 2

（8）新建两层描边路径，将图像调整摆放到合适的位置后合并图层，如图 7-24 所示。

（9）选择"滤镜"|"模糊"|"高斯模糊"命令，设置"半径"为 3 像素。

（10）选择"滤镜"|"模糊"|"表面模糊"命令，设置"半径"为 13 像素、阈值为 10 像素。设置图层混合模式为"滤色"。

（11）在绸带下方的黑色图层填充渐变色，效果如图 7-25 所示。

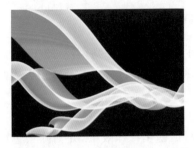

图 7-24　合并图层

图 7-25　绸带效果

5．径向模糊

"径向模糊"滤镜是一种比较特殊的模糊滤镜，可以将图像围绕一个指定的圆心沿着圆的半径方向产生模糊效果，模拟移动或旋转的相机产生的模糊，如图 7-26 所示。

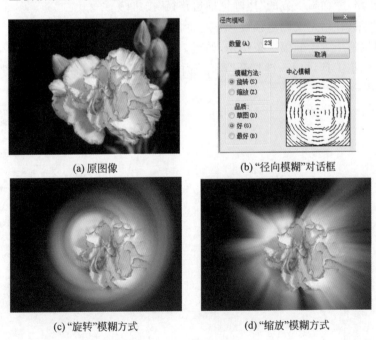

(a) 原图像　　　　　　　　　　　(b) "径向模糊"对话框

(c) "旋转"模糊方式　　　　　　　(d) "缩放"模糊方式

图 7-26　径向模糊

◇ 数量：控制模糊的强度，范围为 1～100。
◇ 旋转：按指定的旋转角度沿着同心圆进行模糊。

◇ 缩放：产生从图像的中心点向四周发射的模糊效果。

◇ 品质：有草图、好、最好 3 种品质，它们的效果从差到好。

下面通过一个光芒特效的实例来介绍"径向模糊"滤镜的应用。

（1）新建一个 RGB 的图像文件，用黑色填充背景层。

（2）在"图层"面板的下方单击"创建新图层"按钮 ，新建图层 1。

（3）通过拾色器中将前景色设置为红色，然后选择画笔工具 ，分别用不同大小的画笔在图像窗口中随意绘制线条，如图 7-27 所示。

（4）选择"滤镜"|"模糊"|"径向模糊"命令，弹出"径向模糊"对话框，设置参数如图 7-28 所示。

图 7-27　涂鸦线条　　　　　　　　　　　图 7-28　"径向模糊"对话框

（5）单击"确定"按钮，然后多次按 Ctrl＋F 组合键，重复应用"径向模糊"滤镜。

（6）按 Ctrl＋J 组合键复制"图层 1"两次。

（7）设置前景色为黄色（RGB：255、255、0），然后选中"图层 1 拷贝 2"，单击"锁定透明像素"按钮 ，按 Alt＋Delete 组合键用前景色填充。

（8）选中图层 1，选择"滤镜"|"模糊"|"高斯模糊"命令，弹出"高斯模糊"对话框，设置模糊半径为 30 像素，得到最终特效。

7.5　扭曲滤镜组

该滤镜组中包含 12 种滤镜，分别集合在"扭曲"菜单下和"滤镜库"的"扭曲"滤镜组内，如图 7-29 所示。使用扭曲滤镜组中的滤镜可以对图像进行几何扭曲变形、创建三维或其他变形效果。

1."波浪"滤镜

"波浪"滤镜用于以不同的波长使图像产生不同形状的波浪起伏效果。"波浪"对话框如图 7-30 所示，该滤镜的参数比较多，单击"随机化"按钮可在参数不变的前提下得到随机化效果，直到用户对效果满意为止。

◇ 生成器数：设置波浪的强度。

图 7-29　"扭曲"滤镜组

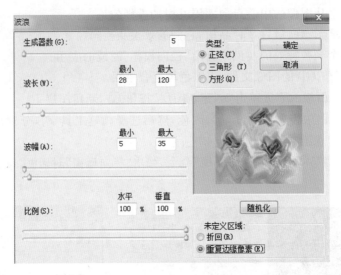

图 7-30 "波浪"对话框

◇ 波长：设置相邻两个波峰间的水平距离，取值范围为 1~999。

◇ 波幅：设置波浪的宽度和高度。

◇ 比例：设置波浪在水平方向上和垂直方向上的波动幅度。

◇ 类型：选择波浪的形态，包括"正弦"、"三角形"、"方形"。

◇ 未定义区域：设置空白区域的填充方式，选中"折回"单选按钮，可在空白区域填充溢
出的内容；选中"重复边缘像素"单选按钮，则将图像中因为弯曲变形超出图像的部
分分布到图像的边界上。

2. "波纹"滤镜

使用"波纹"滤镜可以使图像产生类似水池表面的波纹，即产生水纹涟漪的效果。该滤
镜和"波浪"滤镜类似，但只能控制波纹的数量与大小。"波纹"对话框如图 7-31 所示。

◇ 数量：设置产生波纹的数量。

◇ 大小：选择产生波纹的大小，有大、中和小 3 种波纹可以选择。

　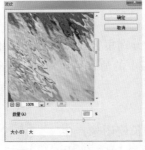　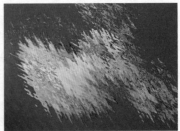

(a) 原图像　　　　　　　　　(b) "波纹"对话框　　　　　　　(c) 波纹效果

图 7-31 "波纹"滤镜

3. "极坐标"滤镜

"极坐标"滤镜可以将图像的坐标从平面坐标转换为极坐标，或从极坐标转换为平面坐

标,从而把矩形物体拉弯,把圆形物体拉直,如图 7-32 所示。

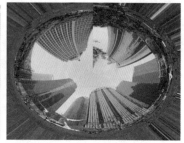

(a) 原图像　　　　　(b) "极坐标"对话框　　　　　(c) 从平面坐标到极坐标

图 7-32 "极坐标"滤镜效果

4. "挤压"滤镜

"挤压"滤镜用于产生图像向内或向外挤压的效果。"挤压"对话框如图 7-33 所示。

数量:控制挤压程度。当设为负值时向外挤压,反之图像向内挤压。

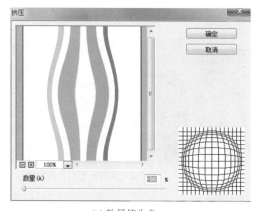
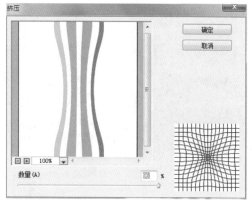

(a) 数量值为负　　　　　　　　　　　　(b) 数量值为正

图 7-33 "挤压"对话框

5. "切变"滤镜

使用"切变"滤镜可以沿一条曲线扭曲图像,通过拖曳调整框中的线条或添加节点来改变扭曲的形状。若要删除节点,可将该点拖出变形框。其对话框如图 7-34 所示。

◇ 折回:在图像空白区域填充溢出图像之外的图像。

◇ 重复边缘像素:在图像不完整的空白区域填充扭曲边缘的像素颜色。

6. "球面化"滤镜

使用"球面化"滤镜可以使选区中心的图像产生凸出或凹陷的球体效果,类似"挤压"滤镜的效果。打开图像,然后选择椭圆选框工具,设置羽化值为 15 像素,绘制圆形选区,接着执行"球面化"命令打开对话框,单击"确定"按钮,再按 Ctrl＋F 组合键重复执行"球面化"滤镜,多次重复执行后的效果如图 7-35 所示。

◇ 数量:控制图像变形的强度,正值产生凸出效果,负值产生凹陷效果。

◇ 模式:设置图像的挤压方式。

| (a) 折回 | (b) 重复边缘像素 |

图 7-34　"切变"对话框

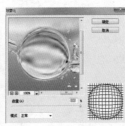

| (a) 原图 | (b) "球面化" 对话框 | (c) 多次执行滤镜后的效果 |

图 7-35　"球面化"滤镜

7. "水波"滤镜

"水波"滤镜根据选区中像素的半径将图像径向扭曲,使图像产生真实的水波效果。

◇ 数量:波纹的凹凸程度,正值产生上凸的波纹效果,负值产生下凹的波纹效果。

◇ 起伏:控制波纹的密度。

◇ 样式:选择生成波纹的方式。选择"围绕中心"将图像的像素绕中心旋转;选择"水池波纹"将产生同心圆形状的波纹,如图 7-36 所示。

(1) 打开"第 7 章\图 7-36.jpg"文件,复制背景层。

(2) 选择椭圆选框工具,并设置"羽化值"为 20,然后绘制椭圆选区。

(3) 应用"水波"滤镜,参数设置如图 7-36 所示。

(4) 为图层 1 添加图层蒙版,用黑色画笔将小船擦出。

8. "旋转扭曲"滤镜

"旋转扭曲"滤镜可以顺时针或逆时针旋转扭曲图像,使图像得到螺旋形效果。

"角度"用于调节旋转的角度,当为正值时图像顺时针旋转,当为负值时图像逆时针旋转,如图 7-37 所示。

(a) 原图像

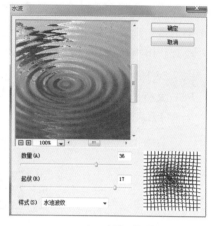

(b) "水波"对话框

(c) 水波效果

图 7-36　"水波"滤镜

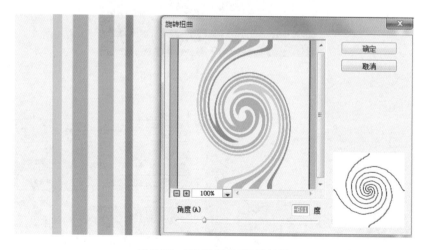

图 7-37　"旋转扭曲"滤镜效果

9. "玻璃"滤镜

"玻璃"滤镜可以使图像产生透过不同类型的玻璃观看的效果。打开"第 7 章\图 7-38.jpg"文件,然后选择"滤镜"|"滤镜库"命令,接着选择"扭曲"|"玻璃",打开"玻璃"对话框。

◇ 扭曲度：控制图像的扭曲程度。

◇ 平滑度：设置玻璃质感扭曲效果的平滑程度。

◇ 纹理：用户可以在"纹理"下拉列表框中选择"磨砂"、"微晶"、"块状"等玻璃效果，图 7-38 所示为选择"块状"时的效果。单击"纹理"右侧的 ▼≡ 图标，可以载入一个 PSD 文件作为纹理来扭曲当前的图像，图 7-39 所示为载入"第 7 章\图 7-39.psd"产生的水泡效果。

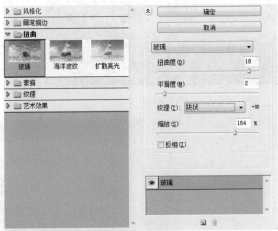

图 7-38　块状"玻璃"滤镜效果

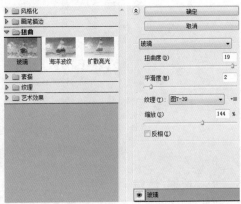

图 7-39　载入纹理"玻璃"滤镜效果

◇ 缩放：设置所应用纹理的大小。

◇ 反相：选中该复选框，使图像的暗区和亮区相互转换。

10. 综合运用扭曲滤镜制作海浪效果

（1）打开"第 7 章\图 7-40.jpg"文件，新建"图层 1"。

（2）选择矩形选框工具绘制矩形选区，然后做蓝色-白色线性渐变填充，如图 7-40 所示。

（3）取消选区后选择"滤镜"|"扭曲"|"波纹"命令，设置参数如图 7-41 所示。

图 7-40 渐变填充

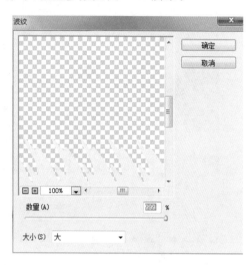

图 7-41 "波纹"滤镜

（4）按 Ctrl+F 组合键再次执行"波纹"滤镜，按 Ctrl+J 组合键复制图层 1。

（5）选择"图层 1 拷贝"层，然后选择"滤镜"|"扭曲"|"旋转扭曲"命令，设置参数如图 7-42 所示。

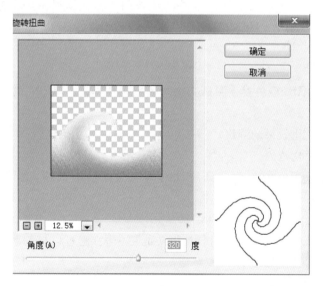

图 7-42 "旋转扭曲"滤镜

（6）选择"图层1"，然后选择"滤镜"|"扭曲"|"旋转扭曲"命令，将这次的角度参数适当降低。

（7）移动"图层1"与"图层1拷贝"层的图像位置，使两个波浪错开。

（8）为"图层1拷贝"层添加图层蒙版，用黑色画笔涂抹掉不需要的内容。

（9）如果用户觉得颜色不够深，可再复制一层，适当改变透明度，最终效果如图7-43所示。

图 7-43　使用扭曲滤镜制作海浪效果

7.6　锐化滤镜组

使用锐化滤镜组中的滤镜通过增强相邻像素间的对比度使图像变得更清晰。该组滤镜包含5种滤镜，分别为"USM锐化"、"进一步锐化"、"锐化"、"锐化边缘"和"智能锐化"。

1. USM 锐化

该滤镜可以查找图像颜色发生明显变化的区域将其锐化。"USM锐化"对话框如图7-44所示，

◇ 数量：设置锐化效果的强度。

◇ 半径：指定锐化范围。

◇ 阈值：相邻像素间的差值达到所设的阈值时才会被锐化，值越高，被锐化的像素越少。

2. 智能锐化

该滤镜和"USM锐化"滤镜比较相似，但功能更强大，它可以控制阴影和高光区域的锐化量。"智能锐化"对话框如图7-45所示。

◇ 数量：设置锐化效果的强度，值越大，越能强化图像的对比度。

◇ 半径：设置受锐化影响的边缘像素的数量，值越大，受影响的边缘越宽。

图 7-44 "USM 锐化"对话框

图 7-45 "智能锐化"对话框

◇ 移去：选择"高斯模糊"可以查找图像中的边缘细节，并对细节进行精细的锐化。选择"动感模糊"可以激活"角度"选项，通过设置角度值可以减少由于移动产生的模糊。

3. 锐化和进一步锐化

这两个滤镜都可以通过增加像素间的对比度使图像变清晰，"进一步锐化"滤镜的效果比"锐化"滤镜大 3 到 4 倍，相当于用了 3 次"锐化"。

7.7 素描滤镜组

使用素描滤镜组中的滤镜可以将纹理添加到图像上，通常用于模拟速写和素描等艺术效果。在使用该组滤镜时一般需要根据不同的效果设置好前景色和背景色。该组中包含 14 种滤镜，它们都被包含在"滤镜库"中，如图 7-46 所示。

1. 半调图案

"半调图案"滤镜可以在保持连续的色调范围的同时模拟半调网屏的效果，设置不同的前景色能得到不同的风格图案效果。该滤镜的对话框如图 7-47 所示。

◇ 大小：设置网状图案的大小。

◇ 对比度：设置图像的对比度，即清晰度。

◇ 图案类型：在下拉列表中选择"圆形"、"网点"或"直线"。

打开"第 7 章\图 7-48.jpg"文件，复制背景层得到"图层 1"，设置前景色为淡黄色、背景色为白色，然后选择"滤镜"|"滤镜库"命令，接着选择"素描"|"半调图案"，按图 7-47 所示设置参数，单击"确定"按钮后将"图层 1"的混合模式设置为"正片叠底"，效果如图 7-48 所示。

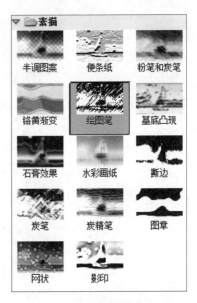

图 7-46　素描滤镜组

图 7-47　"半调图案"对话框

2. 便条纸

使用"便条纸"滤镜可产生浮雕状的颗粒，使图像呈现凹凸压印的效果，如图 7-49 所示。

◇ 图像平衡：设置高光区域和阴影区域的相对面积大小。

◇ 粒度：设置图像中产生的颗粒数量。

◇ 凸现：设置颗粒度的显示程度。

图 7-48　图案类型为"直线"时的效果

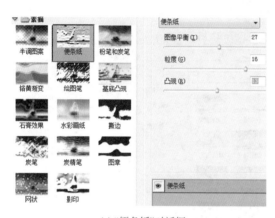

(a) "便条纸"对话框

(b) "便条纸"示例效果

图 7-49　"便条纸"滤镜

3. 绘图笔

"绘图笔"滤镜使用细线状油墨描边可产生素描效果,参数设置如图 7-50 所示。

◇ 描边长度:设置笔触的描边长度,即线条的长度。

◇ 明/暗平衡:调节图像的亮部与暗部的平衡。

◇ 描边方向:设置生成线条的方向,有"右对角线"、"水平"、"垂直"等几个方向。

4. 铬黄渐变

"铬黄渐变"滤镜用于产生一种液态金属的效果,可以用来制作具有擦亮效果的金属表面。其对话框参数设置如图 7-51 所示。

◇ 细节:设置生成多少铬黄细节效果。

◇ 平滑度:调节图像效果的光滑度。

图 7-50 "绘图笔"对话框

图 7-51 "铬黄渐变"对话框

5. 水彩画纸

使用"水彩画纸"滤镜可以产生画面被浸湿,使颜色产生流动并在纸上扩散的效果,其对话框参数设置如图 7-52 所示。

◇ 纤维长度:设置纤维长度。

◇ 亮度:调节图像的亮度。

◇ 对比度:调节图像的对比度。

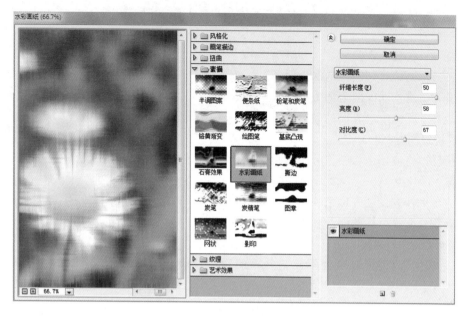

图 7-52 "水彩画纸"对话框

7.8 纹理滤镜组

纹理滤镜组中的滤镜用于为图像添加各种纹理的变化,使图像表面具有浓度感或物质感,此组滤镜不能应用于 CMYK 和 Lab 模式的图像。该组滤镜中包含 6 种滤镜,它们都被包含在"滤镜库"中。

1. "龟裂缝"滤镜

"龟裂缝"滤镜类似将图像绘制在凹凸不平的石膏表面,创建浮雕效果。

◇ 裂缝间距:设置纹理的凹陷部分的间隔。

◇ 裂缝深度:设置凹陷部分的深度。

◇ 裂缝亮度:设置裂缝的亮度。

2. "颗粒"滤镜

"颗粒"滤镜在图像中生成一些不同种类的颗粒变化来增加图像的纹理效果。

◇ 强度:调节纹理的强度,数值越大,颗粒越多。

◇ 对比度:调节图像中的颗粒对比度。

◇ 颗粒类型:选择不同的颗粒类型,有"常规"、"喷洒"、"点刻"、"斑点"等类型。

3. "马赛克拼贴"滤镜

"马赛克拼贴"滤镜使图像看起来像绘制在马赛克瓷砖上。

◇ 拼贴大小:设置马赛克瓷砖的大小。

◇ 缝隙宽度:设置马赛克拼贴间的缝隙宽度。

◇ 加亮缝隙:设置拼贴缝隙的亮度。

4. "纹理化"滤镜

"纹理化"滤镜可以将选定的纹理或外部的纹理应用于图像,产生多种纹理效果。

◇ 纹理：选择纹理类型，有"砖形"、"粗麻布"、"画布"和"砂岩"等类型，也可以载入其他的纹理。

◇ 缩放：改变纹理的尺寸。

◇ 凸现：调整纹理图像的深度。

◇ 光照：调整图像的光源方向。

◇ 反相：反转纹理表面的亮色和暗色。

5. "拼缀图"滤镜

"拼缀图"滤镜用于将图像分解为由若干方形图块组成的效果，图块的颜色由该区域的主色决定。

◇ 方形大小：设置方形色块的大小。

◇ 凸现：设置色块的凹凸程度。

6. "染色玻璃"滤镜

"染色玻璃"滤镜可以产生不规则分离的彩色玻璃格子，其分布与图像中的颜色分布有关。

◇ 单元格大小：设置每个玻璃单元格的尺寸。

◇ 边框粗细：设置玻璃小色块的边界粗细程度。

◇ 光照强度：调整由图像中心向周围衰减的光源亮度。

图 7-53 所示为各种纹理滤镜的效果。

| (a) 原图像 | (b) 画布纹理 | (c) 龟裂缝 |
| (d) 拼缀图 | (e) 马赛克拼贴 | (f) 染色玻璃 |

图 7-53 各种纹理滤镜的效果

7.9 像素化滤镜组

像素化滤镜组中的滤镜用于将图像分块或将图像平面化处理。该组滤镜的作用是将图像以其他形状的元素重新再现出来,并不真正改变图像像素点的形状,只是将图像分成一定的区域,将这些区域转变为相应的色块,再由色块构成图像,类似于色彩构成的效果。该滤镜组中包含7种滤镜。

1. "彩块化"滤镜

"彩块化"滤镜可以将纯色或相近色的像素结成相近颜色的像素块。使用此滤镜能使图像出现类似手绘的效果,如图7-54所示。该滤镜无对话框设置参数。

(a) 原图像　　　　　　　　　　　　　(b) 彩块化效果

图 7-54　应用"彩块化"滤镜

2. "彩色半调"滤镜

"彩色半调"滤镜用于模拟在图像的每个通道上使用半调网屏的效果,将一个通道分解为若干个矩形,然后用圆形替换掉矩形,圆形的大小与矩形的亮度成正比,如图7-55所示。

  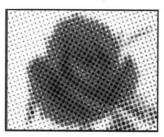

(a) 原图像　　　　　　　(b) "彩色半调"对话框　　　　　　(c) 彩色半调效果

图 7-55　应用"彩色半调"滤镜

◇　最大半径:设置生成最大网点的半径。

◇　网角(度):设置图像各原色通道的网点角度。

3. "点状化"滤镜

"点状化"滤镜用于将图像分解为随机分布的网点,模拟点状绘画的效果,使用背景色填充网点之间的空白区域。

"单元格大小"用于调整单元格的尺寸,不要设得过大,如图 7-56 所示。

　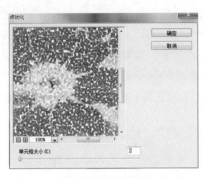　

(a) 原图像　　　　　　　(b) "点状化" 对话框　　　　　　(c) 点状化效果

图 7-56　应用"点状化"滤镜

4. "晶格化"滤镜

"晶格化"滤镜用于使图像中颜色相近的像素用多边形纯色结块重新绘制。

"单元格大小"用于设置每个多边形色块的大小,如图 7-57 所示。

(a) 原图像　　　　　　　(b) "晶格化" 对话框　　　　　　(c) 晶格化效果

图 7-57　应用"晶格化"滤镜

5. "碎片"滤镜

"碎片"滤镜用于为图像创建 4 个相互偏移的副本,产生类似未聚焦的重影效果,如图 7-58 所示。该滤镜无参数设置。

(a) 原图像　　　　　　　　(b) 碎片效果

图 7-58　应用"碎片"滤镜

6. "铜版雕刻"滤镜

该滤镜使用黑白或颜色完全饱和的网点图案重新绘制图像,使图像产生一种用铜版印刷的效果,如图 7-59 所示。

(a) 原图像

(b) "铜版雕刻" 对话框

(c) 铜版雕刻效果

图 7-59 应用"铜版雕刻"滤镜

"类型"用于选择铜版雕刻的类型,分别为"精细点"、"中等点"、"粒状点"、"粗网点"、"短直线"、"中长直线"等。

7.10 渲染滤镜组

渲染滤镜组中的滤镜主要用于为图像着色或加入一些光景的变化,产生三维映射云彩图像、折射图像和模拟光线反射。

1. "云彩"和"分层云彩"滤镜

"云彩"滤镜可介于前景色与背景色间的随机值生成云彩图案,每次按 Ctrl+F 组合键重复执行该滤镜都会得到不同的效果。

第一次执行"分层云彩"滤镜时,图像中的某些部分会被反相创建成云彩图案,多次应用后能够创建出与大理石类似的絮状纹理。

新建 Photoshop 文档,用任意前景色填充背景层,然后分别执行"云彩"、"分层云彩"滤镜命令,得到如图 7-60 所示的效果。

(a) "云彩"滤镜效果

(b) 多次执行"分层云彩"滤镜效果

图 7-60 应用"云彩"与"分层云彩"滤镜

2. "光照效果"滤镜

"光照效果"滤镜的功能非常强大,其作用类似于三维软件中的灯光,可以为当前图像添加光照效果,还可以使用灰度文件的纹理产生类似 3D 的效果,并可存储自己的样式提供给其他图像使用。

"光照效果"滤镜的对话框如图 7-61 所示,可分为左、右两个部分。其左边为预览框,同时又是灯光设置区,既可以预览灯光照射效果,又可以添加光源和设置灯光的照射范围、聚集位置、照射方向和距离;右边为样式和灯光属性设置区,用于设置灯光的类型、强度、颜色等属性。

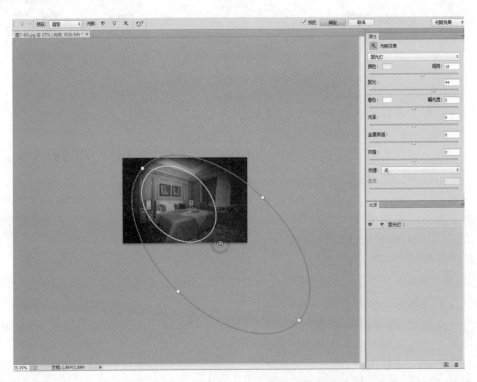

(a)"光照效果"对话框

(b)原图像

(c)光照效果

图 7-61　应用"光照效果"滤镜

3. "镜头光晕"滤镜

使用"镜头光晕"命令可以模拟亮光照射到相机镜头所产生的光晕效果,通过单击图像缩览图改变光晕中心的位置,此滤镜不能应用于灰度、CMYK 和 Lab 模式的图像,如图 7-62所示。

(a)原图 (b) "镜头光晕" 对话框 (c) 光晕效果

图 7-62 "镜头光晕"对话框和滤镜效果

◇ 预览窗口:在该窗口内拖曳十字线可指定光晕的位置。

◇ 亮度:设置镜头光晕的亮度。

◇ 镜头类型:选择不同镜头的类型。

7.11 画笔描边滤镜组

画笔描边滤镜组中的滤镜主要模拟使用不同的画笔和油墨勾绘图像创造出不同的绘画艺术效果,它们都可以在"滤镜库"中完成。图 7-63 所示为"滤镜库"对话框,此类滤镜不能应用在 CMYK 和 Lab 模式下。图 7-64 所示为几种画笔描边滤镜的效果。

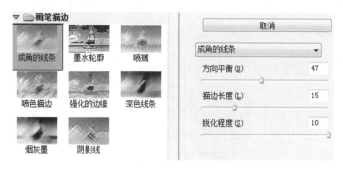

图 7-63 "画笔描边"对话框

1. 成角的线条

"成角的线条"滤镜用于以两个 45 度角方向的斜线条来表现图像中各种颜色的变化,图像中较亮和较暗的区域分别用不同方向的线条绘制。

(a) 成角线条效果　　　　　　　　　(b) 喷溅效果

(c) 喷色描边效果　　　　　　　　　(d) 阴影线效果

图 7-64　几种画笔描边滤镜的效果

2．喷溅

"喷溅"滤镜用于在图像中加入一些纹理细节,模拟液体颜料喷溅的效果。

3．喷色描边

"喷色描边"滤镜主要使用主导色并用成角的、喷溅的颜色线条重新绘制图像,使颜色区域的边界变得粗糙。

4．阴影线

"阴影线"滤镜保留原图像的细节和特征,使用模拟铅笔阴影线添加纹理,产生交叉的网状线条。

7.12　艺术效果滤镜组

艺术效果滤镜组中包含 15 种滤镜,它们被集中在"滤镜库"的艺术效果滤镜组中,如图 7-65 所示。该组滤镜模仿自然或传统介质效果,使图像类似绘画作品,常用于美术绘画等艺术效果,图 7-66 所示为几种艺术效果滤镜的效果。

1．粗糙蜡笔

"粗糙蜡笔"滤镜能够产生一种覆盖纹理效果,在有纹理的背景上应用粉笔描边。其亮部区域的粉笔效果厚重;暗部区域的粉笔效果较淡,纹理清晰。纹理的类型有"砖形"、"粗麻布"、"画布"和"砂岩"。

◇ 描边长度:设置蜡笔笔触的长度。

◇ 描边细节:设置线条的细腻程度。

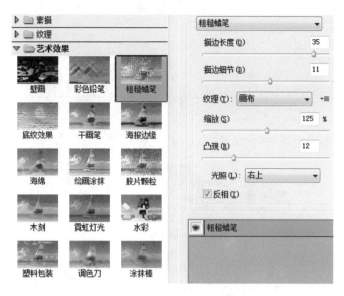

图 7-65 艺术效果滤镜组

(a)"粗糙蜡笔"效果　　(b)"砂岩底纹"效果　　(c)"木刻"效果　　(d)"调色刀"效果

图 7-66 几种艺术效果滤镜效果

◇ 缩放：设置纹理的凸起程度。

◇ 光照：设置光照方向。

2. 底纹效果

"底纹效果"滤镜根据纹理类型产生喷绘效果。

◇ 画笔大小：设置产生底纹的画笔笔尖大小，值越高，绘画效果越强。

◇ 纹理覆盖：设置纹理的覆盖范围。

◇ 纹理：在下拉列表中选择纹理样式。

3. 木刻

"木刻"滤镜将高对比度的图像处理成彩纸剪影效果图。

◇ 色阶数：设置图像中色彩的层次，值越高，颜色的层次越丰富。

◇ 边缘简化度：设置图像边缘的简化程度，值越小，层次越少，效果越明显。

◇ 边缘逼真度：设置图像边缘的精细度。

4. 调色刀

"调色刀"滤镜可以减少图像中的细节，产生大写意的绘画效果。

◇ 描边大小：设置图像颜色的混合程度，值越高，图像越模糊。

◇ 描边细节：设置细节的保留程度。

◇ 软化度：设置图像的柔化程度。

7.13 滤镜应用实例

1. 将摄影照片处理成水粉画效果

（1）打开"第7章\图7-67.jpg"文件，如图7-67所示。

（2）按Ctrl+L组合键执行"色阶"命令，将原图的对比度加大，如图7-68所示。

图7-67 原图

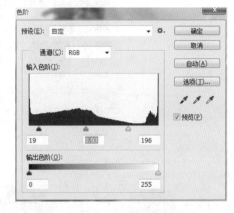

图7-68 "色阶"对话框

（3）按Ctrl+U组合键打开"色相/饱和度"对话框，按图7-69所示设置，加强图像的饱和度。

图7-69 "色相/饱和度"对话框

（4）复制背景层，然后选择"滤镜"|"模糊"|"特殊模糊"命令，设置参数如图7-70所示。

（5）选择"滤镜"|"滤镜库"命令，然后选择"画笔描边"|"喷溅"，设置参数如图7-71所示。

（6）单击滤镜库底部的"新建效果图层"按钮 📄。

（7）选择"纹理"|"纹理化"命令，设置参数如图7-72所示。

图 7-70 "特殊模糊"对话框

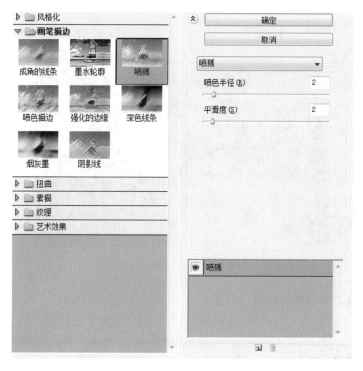

图 7-71 "喷溅"对话框

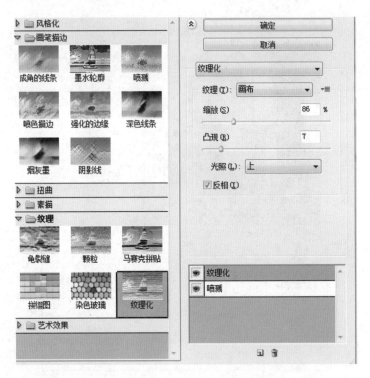

图 7-72　"纹理化"对话框

（8）打开"第 7 章\图 7-73.jpg"，用选择工具将文字选出，置入图像中。
处理后的图像效果如图 7-73 所示。

图 7-73　水粉画效果

2. 图像后期处理为素描效果

（1）打开"第 7 章\图 7-74.jpg"文件，如图 7-74 所示，然后复制背景层得到"图层 1"。

（2）按 Ctrl＋Shift＋U 组合键执行"去色"命令。

（3）复制"图层 1"得到"图层 1 拷贝"层，按 Ctrl＋I 组合键执行"反相"命令。

（4）将该层的图层混合模式设置为"颜色减淡"，如图 7-75 所示。

（5）选择"滤镜"|"其他"|"最小值"命令，设置半径为 1 像素。

图 7-74 原图

图 7-75 "图层"面板

（6）按 Ctrl＋E 组合键向下合并图层。

（7）按 Ctrl＋L 组合键打开"色阶"对话框，调整色阶如图 7-76 所示，加大图像的对比度。

（8）复制图层 1 得到"图层 1 拷贝"层，设置混合模式为"正片叠底"。

（9）为"图层 1 拷贝"层添加图层蒙版，然后选择黑色画笔并设置适当的不透明度。

（10）沿树干部分涂抹，将混合模式的效果隐藏。

（11）新建图层，填充 ＃ ede2c3 的颜色，将图层混合模式设为"正片叠底"。此时"图层"面板如图 7-77 所示，完成后的效果如图 7-78 所示。

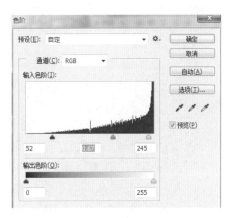

图 7-76 "色阶"对话框

图 7-77 "图层"面板

图 7-78 钢笔画效果图

3. 照片的装裱

（1）打开"第 7 章\图 7-79.jpg"文件，复制背景层得到"图层 1"。

（2）选择图层 1 为当前层，在"图层"面板上右击，将图层转换为智能对象。

（3）选择"滤镜"|"模糊"|"高斯模糊"命令，设置半径为 5 像素。

（4）用黑色画笔在滤镜蒙版中的宠物身上涂抹，形成背景虚化效果，如图 7-79 所示。

图 7-79　应用"高斯模糊"智能滤镜

（5）按 Ctrl＋Alt＋Shift＋E 组合键盖印图层，得到"图层 2"。

（6）选择"滤镜"|"锐化"|"USM 锐化"命令，设置参数如图 7-80 所示。

（7）选择渐变工具 ，在工具选项栏中单击"对称渐变"按钮 。

（8）按住 Shift 键从画布中间向右下角拖动鼠标，对"背景"层做对称渐变。

（9）为背景层添加"色阶"调整层，并向右移动黑场输出色阶滑块，如图 7-81 所示。

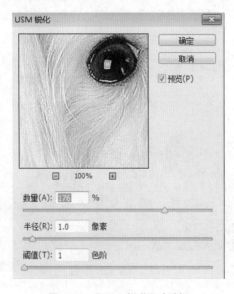

图 7-80　"USM 锐化"对话框

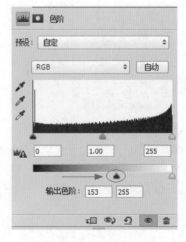

图 7-81　"色阶"调整

（10）隐藏"图层 1"，然后选择"图层 2"，按 Ctrl＋T 组合键对图像进行变换，缩小图像。

（11）按住 Ctrl 键单击"创建新图层"按钮 ，在"图层 1"下方新建"图层 3"。

（12）按住 Ctrl 键单击"图层 2"的缩览图，载入选区填充黑色，制作投影区。

（13）选择"滤镜"|"扭曲"|"球面化"命令，设置参数如图 7-82 所示，接着将投影放大到 105%。

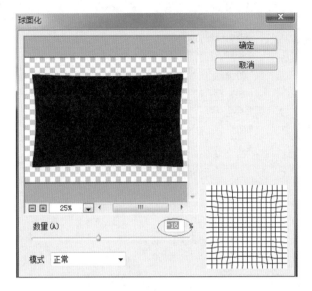

图 7-82 "球面化"对话框

（14）对"图层 3"执行"高斯模糊"，半径为 6 像素。

（15）添加图层蒙版，用黑色画笔在蒙版中修改投影形状，如图 7-83 所示。

图 7-83 照片投影层

（16）选择"图层 2"为当前工作层，单击"图层"面板下方的 *fx* 按钮，添加"描边"图层样式。

（17）将填充类型设置为"渐变"，并调整填充角度，如图 7-84 所示。

（18）载入"图层 2"选区，然后打开"通道"面板，单击"将选区存储为通道"按钮。

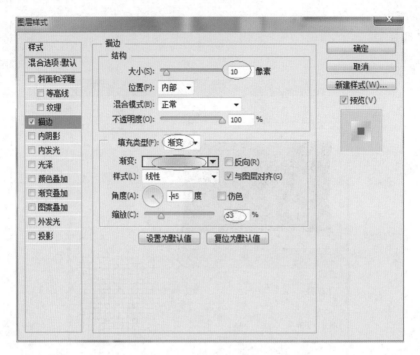

图 7-84 "描边"图层样式

(19) 对 Alpha1 通道执行两次"球面"滤镜命令,数量为−16 像素。

(20) 执行"高斯模糊"滤镜,半径为 40 像素。

(21) 选择"滤镜"|"像素化"|"彩色半调"命令,参数使用默认值,如图 7-85 所示。

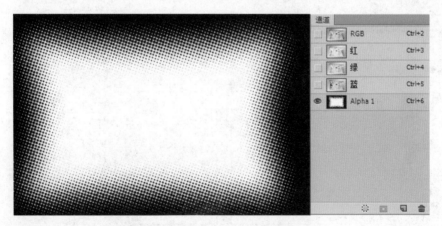

图 7-85 "彩色半调"滤镜

(22) 按住 Ctrl 键单击 Alpha1 缩览图载入选区,再单击 RGB 复合通道返回"图层"
面板。

(23) 在背景层上方新建"图层 4",并填充黑色。

(24) 设置该层的不透明度为"26%",如图 7-86 所示。

(25) 在"图层 2"上方新建图层 5,绘制矩形选区并填充白色。

图 7-86 设置图层的不透明度

（26）使用多边形套索工具选取对角的一半后删除，绘制三角形相框角。

（27）新建图层为三角形相框添加投影，最终效果如图 7-87 所示。

图 7-87 照片装裱效果

课后习题

1. 打开"第 7 章\图 7-88.jpg"文件，通过滤镜处理制作漫天飞雪的效果图，如图 7-88 所示。

操作提示：

（1）新建图层，用白色填充。

（2）选择"滤镜"|"杂色"|"添加杂色"命令。

(a) 原图

(b) 漫天飞雪效果

图 7-88　第 1 题图

（3）选择"滤镜"|"像素化"|"点状化"命令。

（4）使用魔棒工具　　将其中任何一种颜色选中，填充白色。

（5）按住 Ctrl＋Shift＋I 组合键，再按下 Delete 键删除其余的颜色。

（6）选择"滤镜"|"模糊"|"高斯模糊"命令。

（7）选择"滤镜"|"模糊"|"动感模糊"命令。

2. 打开"第 7 章\图 7-89.jpg"文件，通过提高照片的对比度，去色和应用"粗糙蜡笔"滤镜制作一幅素描画作品，如图 7-89 所示。

图 7-89　第 2 题图

操作提示：

（1）复制图层，去色，并调整色阶（加大对比，过度曝光）。

（2）滤镜：锐化边缘（两次）。

（3）滤镜：选择"艺术效果"|"粗糙蜡笔"。

3. 打开"第 7 章\图 7-90.jpg"文件，通过"极坐标"滤镜、"径向模糊"滤镜和"云彩"滤镜制作星空爆炸效果，如图 7-90 所示。

操作提示：

（1）选择"滤镜"|"扭曲"|"极坐标"命令（从平面坐标到极坐标）。

（2）将画布扩大，选择"滤镜"|"模糊"|"径向模糊"命令。

（3）选择"色相/饱和度"命令，选中"着色"复选框，设置色相为"45"、饱和度为"80"。

（4）新建"图层 1"，将前景色/背景色设置为"黑/白"，然后选择"滤镜"|"渲染"|"云彩"命令。

（5）选择"渲染"|"分层云彩"命令，设置图层混合模式为"颜色减淡"。

图 7-90　第 3 题效果

第8章

路径与文字

8.1 矢量绘图的基本知识

形状与路径是 Photoshop 可以创建的两种矢量图形。路径是基于贝赛尔曲线建立的矢量图形，它是由一系列点连接起来的线段或曲线。所有使用矢量绘图软件或矢量绘图工具制作的形状和线条都可以称为路径。

8.1.1 矢量绘图工具

在 Photoshop 中提供了 3 类绘制路径的工具，分别是钢笔工具、文字工具和形状工具，如图 8-1 所示。

8.1.2 绘图模式

图 8-1 路径工具

使用 Photoshop 提供的矢量工具绘图时，首先要在工具选项栏中选择一种绘图模式后再进行绘制。选择自定形状工具 🧩，在工具选项栏中单击 形状 ⬍ 按钮，会显示 3 个选项，如图 8-2 所示。

图 8-2 工具选项栏

◇ 形状：选择该模式可以创建形状图层，形状图层由形状路径与填充区域两部分构成，填充区域定义了形状的图案、颜色与图层的不透明度等属性；形状则是路径，会被保留在"路径"面板中，如图 8-3 所示。

◇ 路径：选择该模式仅创建路径，保留在"路径"面板中，不会出现在"图层"面板中，如图 8-4 所示。

◇ 像素：可以在当前图层创建位图，不会创建路径，如图 8-5 所示。

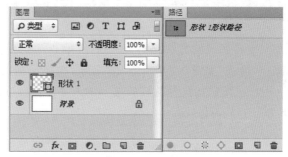

图 8-3　绘制形状

图 8-4　绘制路径

图 8-5　绘制像素

8.2　路径的基本操作

8.2.1　初识路径

路径是一种轮廓,在 Photoshop 中可以用路径作为矢量蒙版来隐藏图层的部分区域,也可以将路径转为选区。路径是矢量对象,不含有像素,只能用颜色填充或描边路径。

路径主要通过钢笔工具和形状工具来绘制,另外,也可以通过将选区转换为路径的方式来实现。使用钢笔工具创建路径的方法在第 4 章已经做了介绍,本章重点介绍使用形状工具与文字工具创建路径。

8.2.2 变换路径

变换路径与变换图像的方法相同,在"路径"面板中选择路径或者用路径选择工具 选择要变换的路径,选择"编辑"|"变换路径"命令,在弹出的菜单中选择相应的变换命令,如图 8-6 所示。用户也可以在选择路径后按 Ctrl+T 组合键进行缩放、旋转等变换操作。

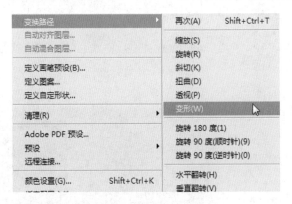

图 8-6 "变换路径"命令

8.2.3 路径的对齐与叠放顺序

使用路径选择工具 将要排列的多个路径选中,单击选项栏中的"路径对齐方式"按钮 ,在弹出的菜单中选择一种路径对齐和分布方式,如图 8-7 所示。

使用路径选择工具 选择一个路径,单击选项栏中的"路径排列方式"按钮 ,在弹出的菜单中选择一种路径的叠放顺序,如图 8-8 所示。

图 8-7 路径的对齐与分布　　　　图 8-8 路径的叠放顺序

8.2.4 路径的运算

使用钢笔工具和形状工具绘制路径后,还可以在原有的路径上继续绘制子路径,在工具选项栏中单击路径操作按钮 ,可在弹出的下拉菜单中选择一种运算方式。

(1) 选择多边形工具,在选项栏中按图 8-9 所示设置,绘制一个三角形。

(2) 选择椭圆工具,单击路径操作按钮 ,选择"减去顶层形状"命令绘制圆形,将会从原来的三角形路径中减去所绘制的圆形路径,如图 8-10 所示。

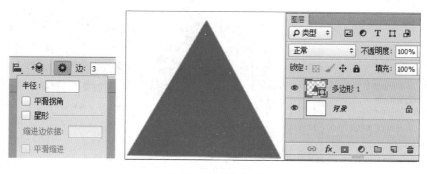

图 8-9 绘制三角形

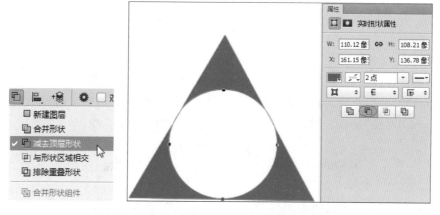

图 8-10 从原有形状中减去新绘制形状

（3）选择椭圆工具，单击路径操作按钮，选择"与形状区域相交"命令绘制椭圆形状，所绘制的椭圆新路径与原来的三角形路径相交的区域形成新的路径，如图 8-11 所示。

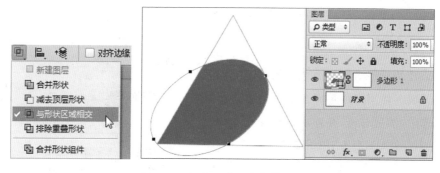

图 8-11 相交区域形成新的路径

（4）选择椭圆工具，单击路径操作按钮，选择"排除重叠形状"命令绘制圆形，所绘制的圆新路径与原来的三角形路径重叠区域以外形成新的路径，如图 8-12 所示。

（5）选择"合并形状组件"命令可以合并重叠的形状。

形状工具包括矩形、圆角矩形、椭圆、多边形、直线及自定形状工具，使用这些工具可以绘制矢量图形或路径。

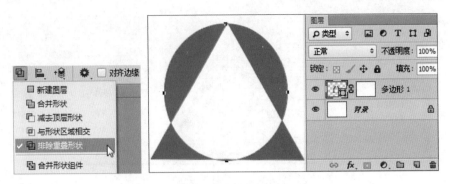

图 8-12　重叠区域以外形成新的路径

8.3　填充路径与描边路径

描边路径是非常重要的一个功能,大部分绘画工具都能用来对路径描边,例如画笔、橡皮擦、仿制图章等。在对路径描边前首先要设置描边工具的属性参数。

许多对路径的操作和编辑都要通过"路径"面板来执行,在学习描边路径与填充路径前要先认识一下"路径"面板。"路径"面板及各个功能按钮如图 8-13 所示。

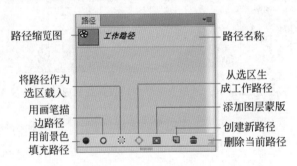

图 8-13　"路径"面板

8.3.1　填充路径

填充路径是指用指定的颜色或图案填充路径所包围的区域。使用路径选择工具 将要进行填充的路径选中,然后右击,在弹出的快捷菜单中选择"填充路径"命令,弹出"填充路径"对话框,如图 8-14 所示。在这里可以选择前景色、背景色、颜色、图案等对路径进行填充。

如果用前景色填充路径,只需在"路径"面板中选中需要填充的路径,然后单击"路径"面板底部的"用前景色填充路径"按钮,此时会用前景色填充整个路径所围成的区域,如图 8-15 所示。

图 8-14　"填充路径"对话框

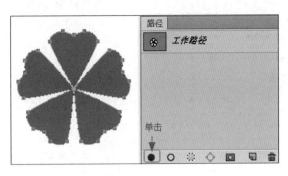

图 8-15 填充路径

8.3.2 描边路径

在 Photoshop 中创建好路径后,可以使用画笔、橡皮擦、图章等工具勾画路径,即对路径描边。具体操作方法如下:

(1)新建一个透明背景的图像文件,选择自定形状工具 ✍,在自定形状工具选项栏中选择"路径"(如图 8-16 所示),在"形状"下拉列表中选择一个心形,用这个形状工具绘制一个心形路径。

图 8-16 绘制心形路径

(2)在工具箱中选择画笔工具 ✎,在工具选项栏中单击"画笔预设选取器"按钮 ,在打开的"画笔预设"面板中单击 按钮(如图 8-17 所示),选择"混合画笔",弹出信息框如图 8-18 所示,单击"追加"按钮,将混合画笔添加到"画笔"面板。

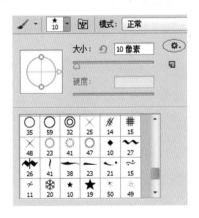

图 8-17 "画笔预设"面板

图 8-18 信息框

(3)按 F5 键打开"画笔"面板,然后在"画笔"面板中设置画笔的笔尖形状、间距和形状动态,具体参数如图 8-19 所示。

(4)打开"路径"面板,单击面板底部的"用画笔描边路径"按钮 ○,即可完成对路径的描边。在"路径"面板的空白处单击取消对路径的选择,可以看到描边后的效果,如图 8-20 所示。

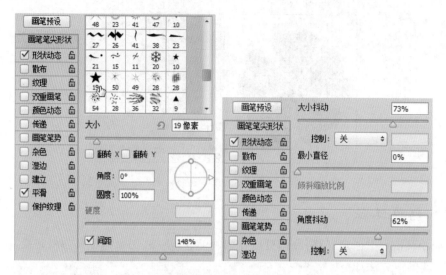

图 8-19　定义画笔

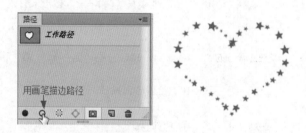

图 8-20　描边路径

描边路径也可以在设置好画笔后,用鼠标左键按住绘制好的路径拖向"路径"面板底部的"用画笔描边路径"按钮  。

使用任何绘制路径的工具绘制好路径后都可以对路径右击,在弹出的快捷菜单中选择"描边路径"命令,然后在弹出的"描边路径"对话框中选择用于描边的绘图工具。

8.4　建立形状矢量图形

在第 3 章中介绍了形状工具(包括矩形、圆角矩形、椭圆、多边形、直线和自定形状工具)的使用,本节重点介绍使用形状工具创建矢量图形和路径。

8.4.1　创建形状路径

以使用矩形工具█绘制形状路径为例。在绘制时按住 Shift 键可以绘制正方形,按住 Alt 键以单击点为中心绘制矩形或正方形。创建矩形路径的工具选项栏如图 8-21 所示。

图 8-21　矩形路径的工具选项栏

◇ 建立：单击"选区"按钮，可以将当前路径转换为选区；单击"蒙版"按钮，可以基于当前路径创建矢量蒙版；单击"形状"按钮，可以将当前路径转换为形状。

◇ 矩形选项：单击该按钮，可以在弹出的下拉面板中设置矩形的创建方法，如图 8-22 所示。

◇ 不受约束：选中该复选框可绘制任何大小的矩形。

◇ 方形：可绘制任何大小的正方形。

◇ 固定大小：输入宽与高的值，可单击创建固定大小的矩形。

◇ 比例：输入宽与高度的比例值，创建的矩形可始终保持这个比例。

◇ 从中心：以此方式创建矩形时，单击点即为矩形的中心。

图 8-22　矩形选项

8.4.2　利用形状路径创建矢量蒙版

矢量蒙版实质上是路径蒙版，它与图层蒙版一样可以对图像实现部分遮罩。矢量蒙版可以保证原图不受损，即不会因放大或缩小操作而影响图像的清晰度，并且可以用矢量工具对形状进行修改。

（1）新建 Photoshop 文档，然后新建图层。

（2）选择渐变工具 ▣，设置好渐变颜色在图层 1 上做线性渐变填充，如图 8-23 所示。

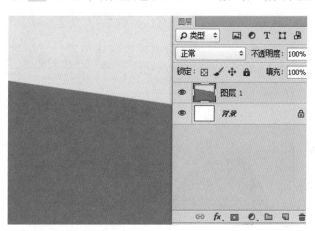

图 8-23　渐变填充

（3）选择多边形工具 ⬡，在选项栏中选择"路径"选项。

（4）设置边为"3"（如图 8-24 所示），绘制三角形路径。

（5）将图层 1 置为当前层，单击 蒙版 按钮，将路径转换为矢量蒙版，如图 8-25 所示。

（6）选择矩形工具 ▣，单击路径操作按钮 ⊓，选择"减去顶层形状"命令，绘制高为 3 像素的矩形路径，将会从原来的三角形路径中减去所绘制的矩形路径，如图 8-26 所示。

图 8-24　设置三角形

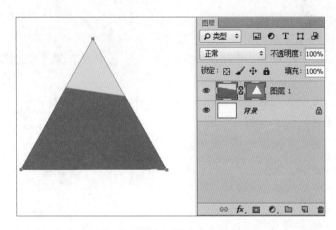

图 8-25　将路径转换为矢量蒙版

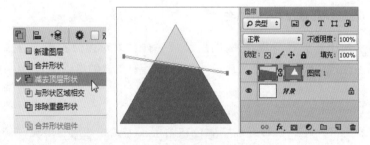

图 8-26　从三角形路径中减去矩形路径

(7) 选择路径选择工具 ，按住 Alt 键，拖动矩形路径进行复制并变换方向，如图 8-27 所示。

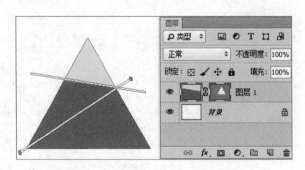

图 8-27　继续减去另一个矩形路径

(8) 使用文字工具 T 输入"YUKOS"，然后按 Ctrl+J 组合键复制文字层，并隐藏该层。

(9) 右击"YUKOS"层，选择"栅格化文字"命令。

(10) 按住 Ctrl 键单击该层的缩览图，载入文字选区，填充颜色♯6aab97。

(11) 按 V 键切换到移动工具 ，保留选区，在键盘上按向右的方向键→，再按向下的方向键↓，连续按 4 次方向键，移动文字选区制作立体文字效果。

(12) 显示"YUKOS 拷贝"文字层，用矢量蒙版制作的 Logo 标志完成，如图 8-28 所示。

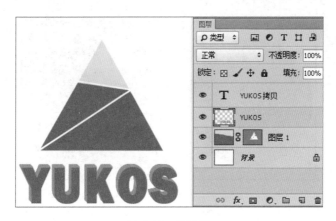

图 8-28　效果图

8.4.3　创建形状图层

形状图层实际上是用形状工具创建的矢量蒙版，单击工具选项栏中的 形状 按钮，即可以所绘制的形状创建一个形状图层，打开"路径"面板可以看到"工作路径"和"形状路径"，如图 8-29 所示。

图 8-29　"路径"面板

下面通过制作百事可乐标志来学习形状图层的运用方法。

（1）设置前景色为蓝色，选择椭圆工具 ⬭ 绘制正圆路径。

（2）在工具选项栏中单击 形状 按钮创建形状图层，如图 8-30 所示。

图 8-30　椭圆工具选项栏

此时"图层"面板上出现了"椭圆 1"形状层，如图 8-31 所示。

（3）按住"椭圆 1"形状层拖向面板底部的"创建新图层"按钮 ⬒ ，复制该形状层。

（4）双击"椭圆 1 拷贝"层的缩览图，弹出"拾色器"对话框，选取红色填充该层，如图 8-32 所示。

（5）选择矩形工具 ⬜ ，在选项栏中选择"形状"选项，再单击路径操作按钮 ⬒ ，选择"与形状区域相交"命令，绘制矩形，如图 8-33 所示。

（6）选择钢笔工具 ✒ ，移动鼠标指针到矩形的下边线上，当其变成 ⬐₊ 形状时单击添加锚

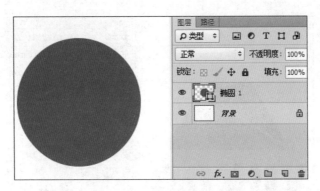

图 8-31 "椭圆 1"形状层

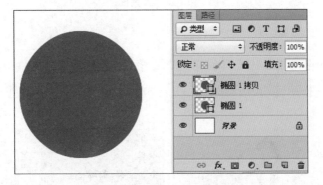

图 8-32 "椭圆 1 拷贝"层

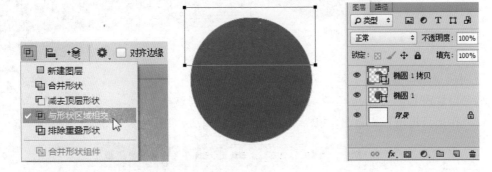

图 8-33 绘制矩形

点。按住 Ctrl 键用鼠标拖住一侧的方向线,将矩形的下边线调整为如图 8-34 所示的曲线形状。

(7) 切换到路径选择工具 ▶,按住 Alt 键,按住鼠标左键将矩形向下拖动复制矩形,如图 8-35 所示。

(8) 按 Ctrl+X 组合键剪切复制好的矩形,在"椭圆 1"形状图层的缩览图上单击,然后按 Ctrl+V 组合键将其粘贴到该层,如图 8-36 所示。

(9) 按 Ctrl+T 组合键,然后右击,在弹出的快捷菜单中选择"水平翻转"命令,再选择"垂直翻转"命令,对路径进行变形操作,如图 8-37 所示。最后按 Enter 键确认变形,一个百事可乐标志就基本完成了。

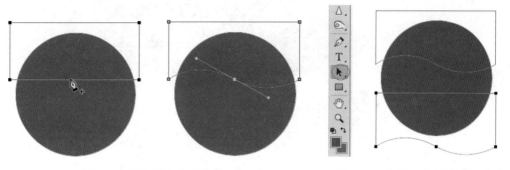

图 8-34　添加锚点变换路径　　　　　图 8-35　复制一个变形的矩形

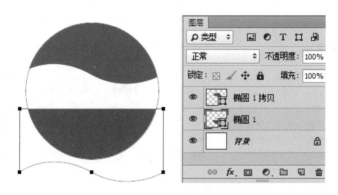

图 8-36　粘贴到"椭圆 1"形状层

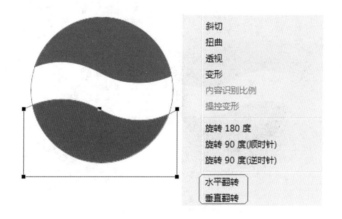

图 8-37　变换路径

（10）设置前景色为白色，在背景层上方新建"图层 1"，然后选择椭圆工具 ⬭ ，在选项栏中选择"像素"选项，绘制一个正圆形状，如图 8-38 所示。

（11）将上面的 3 个图层链接好，然后按 Ctrl＋E 组合键合并图层。接着单击"图层"面板底部的"添加图层样式"按钮 **fx** ，为百事可乐标志做"斜面和浮雕"、"投影"图层样式，如图 8-39 所示。

完成后的最终效果如图 8-40 所示。

图 8-38　新建图层绘制正圆形状

图 8-39　图层样式

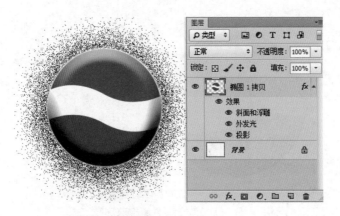

图 8-40　最终效果图

8.5　文字

在处理图像时,文字往往是精美画面不可缺少的元素,近年来各种计算机艺术字、特效文字成为视觉传达设计的重要组成部分。

8.5.1　输入文字

在工具箱中有一组文字工具,专门用来向图像中输入文字,该组工具如图 8-41 所示。

1. 横排文字

选择横排文字工具 **T**，在文字工具选项栏中设置文字的字体、大小、对齐、颜色等参数（如图 8-42 所示），然后输入文字。输入完毕后，可以单击工具选项栏中的"提交所有当前编辑"按钮 ✔，确认已输入的文字。如果单击"取消所有当前编辑"按钮 ⊘，则可取消输入操作。

图 8-41 文字工具

图 8-42 文字工具属性栏

2. 直排文字

选择直排文字工具 **T**，可以为设计作品添加垂直排列的文字，其操作方法与横排文字的相同。对于已输入的文字，可以在文字间通过插入光标再按 Enter 键将一行文字打断进行换行处理，其效果如图 8-43 所示。

图 8-43 直排文字效果

3. 创建文字选区

文字选区是一类特别的选区，此类选区具有文字的外形。打开"第 8 章\图 8-44. psd"文件，在工具箱中选择文字蒙版工具 **T**，在图像中单击插入文本光标，此时图像背景呈现淡红色蒙版状态，输入"茶叶"后单击"提交所有当前的编辑"按钮 ✔，即可得到如图 8-44 所示的文字选区。单击"图层"面板中的"添加图层蒙版"按钮，利用文字选区创建蒙版，添加图层样式后的效果如图 8-44 所示。

4. 创建变形文字

Photoshop 具有使文字变形的功能，输入文字后在文字工具选项栏中单击"创建文字变形"按钮 **工**，即可打开"变形文字"对话框，如图 8-45 所示。

系统中自带了 15 种变形文字效果供用户直接使用，其中的 4 种变形效果如图 8-46 所示。

图 8-44 用文字选区创建图层蒙版

图 8-45 "变形文字"对话框   图 8-46 4 种文字变形效果

8.5.2 将文字转换为路径

在 Photoshop 中可以将文字转换为工作路径,通过对路径的编辑操作可以得到具有特殊效果的变形文字。

(1) 选择横排文字工具 **T**,在文字工具选项栏中设置好文字的字体和大小,输入文字"生日快乐",形成文字图层,如图 8-47 所示。

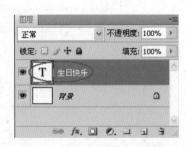

图 8-47 文字图层

(2) 将鼠标指针移动到"图层"面板的文字图层,然后右击,在弹出的快捷菜单中选择"创建工作路径"命令,这时在"路径"面板中可以看到创建了一个文字路径,如图 8-48 所示。

(3) 将文字图层隐藏后便可清楚地看到文字形状路径。将文字转换为工作路径后,文字图层仍然存在,如图 8-49 所示。

图 8-48 创建文字工作路径

图 8-49 隐藏文字图层

（4）使用直接选择工具 和转换点工具 对文字路径进行修改编辑，在操作中要注意将图像放大，还可配合添加、删除锚点工具使用，如图 8-50 所示。

（5）在编辑中如果遇到要将一个字中的某部分拆开移动，可先用路径选择工具 将这个文字路径选中，再按 Ctrl 键将工具切换到直接选择工具 ，将其中的一部分路径框选后移开，图 8-51 所示就是将"乐"字右下角的一撇拆开来编辑。

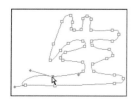
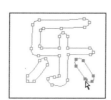
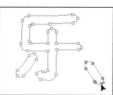
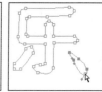

图 8-50 编辑锚点　　　　　　　　　　图 8-51 编辑"乐"字的一撇

路径编辑完成后的变形文字路径如图 8-52 所示。

图 8-52 变形文字路径

（6）修改好路径后按 Ctrl＋Enter 组合键将路径转换为选区，并在新建的图层中进行填充或描边等操作，变形文字效果如图 8-53 所示。

图 8-53 变形文字效果

8.5.3 将文字转换为形状

选择"图层"|"文字"|"转换为形状"命令,可以将文字转换为与其轮廓相同的形状,此时文字图层也变成相应的形状图层。

(1)选择文字工具 **T**,输入文字,将"H"的字号调节成较大字号,如图 8-54 所示。

图 8-54 输入文字

(2)在"图层"面板中用鼠标按住文字层拖向下方的"创建新图层"按钮复制文字层,生成"Happy 拷贝"文字层。

(3)在"图层"面板的"Happy 拷贝"文字层上右击,在弹出的快捷菜单中选择"转换为形状"命令,将文字层转换为形状层,如图 8-55 所示。

图 8-55 将文字层转换为形状层

(4)在"图层"面板的"Happy 拷贝"文字层上双击图层缩略图 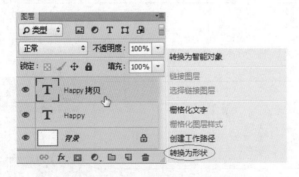,打开"拾色器"对话框,将颜色转换成白色。

(5)在工具箱中选择椭圆工具 ◯,并在工具选项栏中选择"形状"选项,绘制一个椭圆,然后将该形状层拖到"Happy 拷贝"文字层的下方。接着按 Ctrl＋T 组合键调整它的大小，并旋转到合适的位置，如图 8-56 所示。

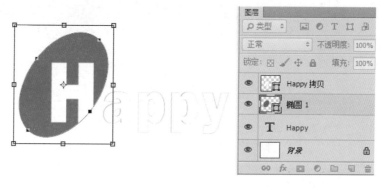

图 8-56　调整椭圆形状层的位置

（6）用路径选择工具 ![将椭圆形状选中，然后按 Ctrl＋C 组合键复制该形状。

（7）选中"Happy 拷贝"文字层，按 Ctrl＋V 组合键粘贴路径到此层。

（8）在工具选项栏中单击路径操作按钮 ![，选择"与形状区域相交"命令，得到文字形状和椭圆形状的交叉区域，如图 8-57 所示。

图 8-57　文字与形状的组合

8.5.4　沿路径绕排文字

在路径上输入文字可以使文字沿路径的走向排列。

（1）使用自定形状工具 ![创建一个心形路径，工具选项栏中的参数设置如图 8-58 所示。

图 8-58　使用自定形状工具创建心形路径

（2）选择文字工具 **T**，将鼠标指针移到路径上，当鼠标指针变成 ![形状时在路径上单击产生一个文字插入点，即可输入文字，如图 8-59 所示。

（3）选取全部文字，在"字符"面板中设置"基线偏移"，可控制文字与路径的垂直距离，图 8-60 所示为基线偏移 10 点的情况。

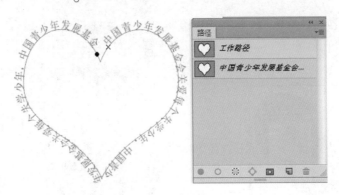

图 8-59　沿路径方向排列的文字

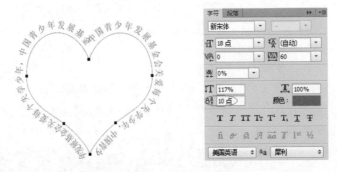

图 8-60　设置"基线偏移"

（4）当鼠标指针变成 形状时，文字将在路径内排列，再配合"段落"面板设置"左缩进"、"右缩进"等参数，使文字全部在路径内，如图 8-61 所示。

图 8-61　心形绕排文字

8.6　矢量综合应用实例

8.6.1　应用矢量工具制作邮票

下面应用矢量工具制作一枚邮票。

（1）打开"第 8 章\图 8-62.jpg"文件，按 Ctrl＋J 组合键复制背景层，创建"图层 1"层。

（2）用白色填充背景层，按 Ctrl＋T 组合键变换"图层 1"的大小。

（3）隐藏背景层，按住 Ctrl 键单击"图层 1"缩览图，载入选区。

（4）选择"编辑"|"描边"命令，在"描边"对话框中设置宽度为"16 像素"、颜色为"白色"，如图 8-62 所示。

图 8-62　对图层 1 描边

（5）打开"路径"面板，单击面板下方的"从选区生成工作路径"按钮 ⬡ 创建矩形工作路径，如图 8-63 所示。

（6）选择橡皮擦工具 ⬜，按 F5 键打开"画笔"面板，设置画笔直径为 16 像素、硬度为 100%、间距为 144%，如图 8-64 所示。

（7）在"路径"面板下部单击"用画笔描边路径"按钮 ◯（如图 8-65 所示），然后使用橡皮擦工具对路径描边，即用橡皮擦沿路径将图片像素擦去。

（8）单击"图层"面板底部的"添加图层样式"按钮 fx，选择"描边"、"投影"图层样式，得到邮票锯齿效果，如图 8-66 所示。

图 8-63　从选区生成工作路径

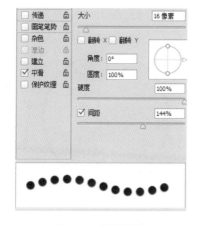

图 8-64　设置画笔　　　　　图 8-65　描边路径

图 8-66　对邮票锯齿描边

（9）新建图层 2，将背景层隐藏，开始制作邮戳。

（10）选择椭圆工具 ，在工具选项栏中选择"路径"选项，单击"设置"按钮 ，如图 8-67 所示选中"从中心"复选框，创建正圆路径。

（11）选择文字工具 **T**，将鼠标指针移到路径上，当鼠标指针变成 形状时沿路径输入邮戳上的文字内容，如图 8-68 所示。

图 8-67　圆路径设置

图 8-68　沿路径绕排文字

（12）选择椭圆工具 ，在工具选项栏中选择"形状"选项，绘制圆形形状，并在打开的"属性"面板中设置填充类型为"无颜色"、描边大小为"5 点"，如图 8-69 所示。

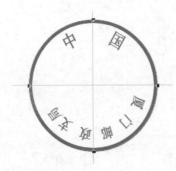

图 8-69　"属性"面板设置与形状描边效果

（13）使用文字工具 **T** 输入日期，再添加一个矩形框，邮戳制作完成，如图 8-70 所示。

图 8-70 邮戳效果

（14）将制作邮戳的图层（上面的 4 个图层）选中，按 Ctrl＋E 组合键合并图层。

（15）用移动工具 将邮戳摆放到邮票的右下角，按住 Ctrl 键单击图层 1 的缩览图，载入图层 1 选区，为邮戳层添加图层蒙版。

（16）输入"中国邮政"文字，邮票制作完成，效果如图 8-71 所示。

图 8-71 邮票效果

8.6.2 运用路径运算制作拼图效果

本例通过制作儿童拼图学习路径运算与定义图案。

（1）新建一个 100×100 像素的图像文件，按 Ctrl＋R 组合键打开标尺，并拉出辅助线。

（2）选择矩形工具 ，在选项栏中选择"形状"选项，然后绘制矩形形状。

（3）选择椭圆工具 ，单击路径操作按钮 ，在弹出的下拉菜单中选择"减去顶层形状"命令，如图 8-72 所示。

（4）在辅助线的交点上单击，弹出"创建椭圆"对话框，设置宽度与高度值，并选中"从中心"复选框，如图 8-73 所示。

图 8-72 "减去顶层形状"命令   图 8-73 "创建椭圆"对话框

（5）重复上一步操作，继续减去第 2 个圆形形状，如图 8-74 所示。

（6）用鼠标左键按住"矩形 1"图层拖向"创建新图层"按钮，复制该层得到"矩形 1 拷贝"层。然后按 Ctrl＋T 组合键进行"水平翻转"和"垂直翻转"变换操作，用移动工具 ▶⊕ 将其移到右下角位置，如图 8-75 所示。

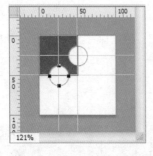

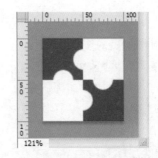

图 8-74 减去两个圆形形状   图 8-75 复制形状

（7）隐藏背景层，然后选择"编辑"|"定义图案"命令，将所得形状定义为图案。

（8）打开"第 8 章\图 8-76.jpg"文件，新建图层 1。然后选择油漆桶工具 ◇ ，在选项栏中选择"图像"选项，单击 ⁻ 按钮打开"图案拾色器"，选择刚才定义的图案进行填充。

（9）单击"图层"面板底部的"添加图层样式"按钮 ƒx ，为图层 1 添加"斜面和浮雕"图层样式，参数设置如图 8-76 所示。

（10）将图层 1 的填充设置为"0"，如图 8-77 所示。

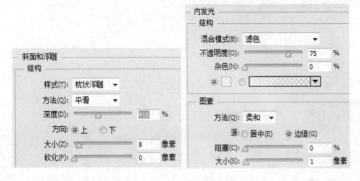

图 8-76 图层样式参数   图 8-77 "图层"面板

（11）按 Ctrl＋Alt＋Shift＋E 组合键盖印图层，得到图层 2。然后在图层 2 的下方新建图层 3，填充白色，至此，拼图效果已经呈现。下面制作未拼入的零散图片效果。

（12）使用钢笔工具 在图层 2 上沿一块拼图勾勒路径，然后按 Ctrl＋Enter 组合键将路径转换为选区，如图 8-78 所示。

（13）反选选区，然后将选取的内容剪切到新层，用移动工具把剪切的内容移开并变换角度。

（14）为图层 4 添加"投影"图层样式，制作出没有拼入的图案效果，如图 8-79 所示。

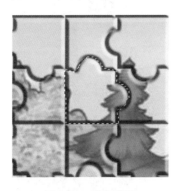

图 8-78　绘制选区　　　　　　　　　　图 8-79　没有拼入的图案

（15）按上述方法多制作几片，将产生的新层都置于组内，最终效果如图 8-80 所示。

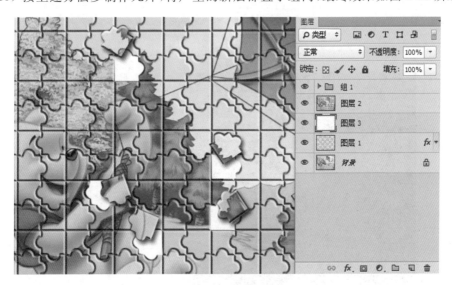

图 8-80　拼图效果

8.6.3　制作炫彩青春宣传画

本例通过路径描边与渐变叠加等图层样式制作炫丽的光线。

（1）打开"第 8 章\图 8-81.psd"文件，按住 Ctrl 键单击"创建新图层"按钮 ，在图层 1 下方新建图层 2。

（2）选择渐变工具 ，在选项栏中单击 按钮，打开"渐变编辑器"对话框。

（3）单击"预设"按钮 ，在展开的菜单中追加"蜡笔"渐变样式，选择"蓝色、黄色、粉色"，如图 8-81 所示。

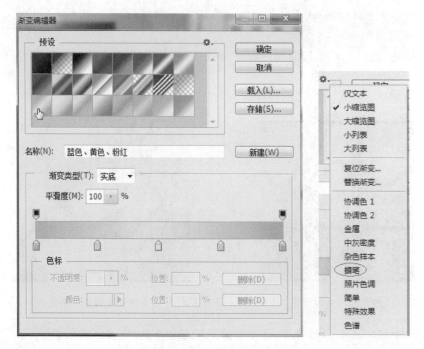

图 8-81　设置渐变预设

（4）在图层 2 中做径向渐变，并设置图层 2 的混合模式为"颜色"，如图 8-82 所示。

图 8-82　填充图层 2

（5）在图层 1 上方新建图层 3，然后选择钢笔工具 ，绘制曲线路径，如图 8-83 所示。

（6）选择画笔工具 ，按 F5 键打开"画笔"面板，设置笔尖大小为"3 像素"、硬度为"100％"，选中"形状动态"复选框，设置控制为"钢笔压力"，如图 8-84 所示。

（7）设置前景色为黄色，打开"路径"面板。

图 8-83 绘制曲线路径

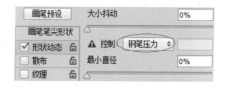

图 8-84 画笔设置

（8）按住 Alt 键，单击"用画笔描边路径"按钮，在弹出的"描边路径"对话框中选中"模拟压力"复选框，对曲线路径进行描边，如图 8-85 所示，并添加"外发光"图层样式，参数采用默认。

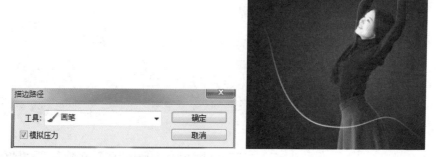

图 8-85 描边路径

（9）在"路径"面板上单击"创建新路径"按钮 继续添加曲线路径，设置画笔的笔尖大小为"4 像素"、硬度为"100％"，描边路径。

（10）单击"图层"面板底部的"添加图层样式"按钮 ，选择"渐变叠加"命令，具体参数设置如图 8-86 所示。

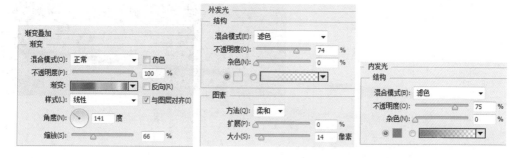

图 8-86 添加图层样式

（11）单击"图层"面板下方的"添加图层蒙版"按钮 🔲 ，为图层 4 添加蒙版，然后用黑色画笔将人物身上的部分彩线遮盖，形成彩线环绕的效果，如图 8-87 所示。

图 8-87　彩线环绕

（12）按上述步骤继续绘制多条曲线路径，并进行描边、添加图层样式。

（13）接下来修饰背景，单击背景层，选择"滤镜"|"渲染"|"镜头光晕"命令，设置参数如图 8-88 所示。

（14）选择画笔工具，按 F5 键打开"画笔"面板设置动态画笔，添加星光效果，最终完成效果如图 8-89 所示。

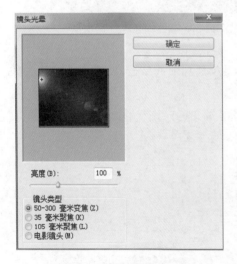

图 8-88　"镜头光晕"对话框

图 8-89　炫彩青春

课后习题

1. 打开"第 8 章\图 8-90.psd"文件,通过绘制路径对文字进行排版,如图 8-90 所示。

操作提示:

绘制矩形路径,减去钢笔沿花瓶绘制的另一路径,使用文字工具在路径中输入文字。

图 8-90 通过路径对文字排版

2. 利用形状运算绘制花朵图案,如图 8-91 所示。

图 8-91 填充图案

操作提示:

绘制 8 角形用钢笔工具修改路径,减去圆形形状或减去一个缩小的花形状。

3. 试用自定义画笔描边路径,制作广告艺术效果字,如图 8-92 所示。

图 8-92　广告艺术效果字

操作提示:

(1) 输入文字后用矩形选框工具将文字选中,定义为画笔,如图 8-93 所示。

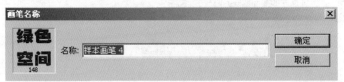

图 8-93　定义画笔

(2) 用钢笔工具在画面中自上而下创建一条直线路径,如图 8-94 所示。

图 8-94　创建直线路径

(3) 打开"画笔"面板,选择上一步设置好的画笔笔尖,并按图 8-95 所示设置画笔动态。

(4) 新建一个图层,用设置好的画笔描边路径。

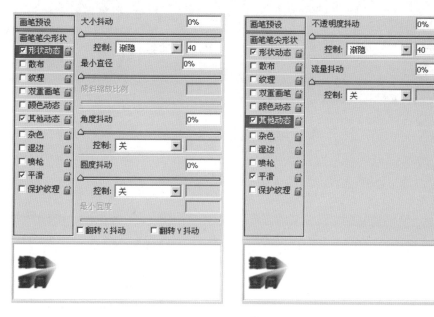

图 8-95　设置画笔

4. 用形状路径制作白加黑波浪效果字，如图 8-96 所示。

图 8-96　波浪效果字

（1）新建黑色背景的 ps 文档。
（2）新建矩形形状层，用钢笔添加两个锚点，将形状路径编辑成波浪线。
（3）新建文字层，并将其图层的混合模式设置为"差值"。